29705
(14)

CATALOGUE RAISONNÉ DES MINÉRAUX,

COQUILLES,

ET AUTRES CURIOSITÉS NATURELLES, contenues dans le Cabinet de feu M. GEOFFROY de l'Académie Royale des Sciences.

À PARIS,

Chez H. L. GUERIN & L. FR. DELATOUR, rue S. Jacques, à S. Thomas d'Aquin.

―――――――――

M. DCC. LIII.

AVEC APPROBATION ET PRIVILEGE.

AVERTISSEMENT.

LE Cabinet dont nous donnons le Catalogue au Public, est déjà suffisamment connu de la plûpart des Curieux, pour que nous soyons dispensés d'en faire ici l'éloge. Depuis long-tems M. GEOFFROY avoit travaillé à réunir les Piéces les plus rares d'Histoire Naturelle, & cette collection pendant plusieurs années a pris les différens accroissemens, que pouvoit lui donner un Amateur en état de satisfaire son goût. Aussi toutes les parties qui la forment, celles mêmes qui paroissent les moins précieuses, sont-elles choisies avec un soin qui leur donne un nouveau prix. C'étoit le seul amusement de celui qui la possédoit ; c'étoit au milieu de ces productions de la Nature, qu'il se délassoit des fatigues d'une Profession extrêmement utile au Public, mais que l'assiduité & le travail continuel auroient rendu disgracieuse pour tout autre qui ne l'auroit pas autant aimée. Les Amateurs d'histoire Naturelle sçavent avec quelle complaisance M. GEOFFROY leur faisoit voir ce Cabinet. Il l'aimoit comme son ouvrage, & dans les derniers instans de sa vie, craignant qu'il ne fût dispersé, il ordonna à celui de ses fils qui lui succédoit dans sa Profession, de le faire entrer dans son lot, & de le conserver entier. La mort prématurée de ce fils met aujourd'hui le Public à portée de puiser dans ce riche fonds.

Dans le Catalogue que nous en avons fait, nous avons suivi, autant qu'il nous a été possible, un ordre naturel. Nous passons successivement du Régne minéral au Régne végétal, & au Régne animal.

La Partie minérale est très-considérable. Les Pétrifications, les Pierres fines, & les Cryftaux forment une belle suite ; mais sur-tout celle des Mines est très-riche, & l'on y reconnoît le goût du Possesseur de ce Cabinet, pour la Minéralogie & la Chymie. On ne sera pas surpris par la même raison de trouver une très-belle collection de Succin.

Le Régne végétal n'est pas fort considérable, à l'exception des Plantes marines qui sont belles & nombreuses. De toutes les parties, c'est celle qui fournit le moins pour un Cabinet : d'ailleurs M. Geoffroy avoit réuni presque toutes les Productions végétales à son Droguier qui étoit très-considérable, & qu'on a été obligé de vendre avec le fond de son Commerce, dont il a été réputé faire partie.

Le Régne animal commence par un beau Coquillier, précieux pour le nombre, & encore plus pour le choix des Coquilles. Les Curieux trouveront dans cette collection de quoi satisfaire leur goût. Quant aux Insectes, aux Reptiles, aux Poissons, & aux autres animaux, ils ne sont pas à beaucoup près aussi nombreux, qu'ils pourroient l'être, une grande partie de ces animaux ayant été distraits & réunis au Droguier. Il y a néanmoins une suite précieuse dont nous ne pouvons nous dispenser de dire un mot, c'est celle des Bézoards la plus complette & la plus belle qui soit à Paris. On sçait que M. GEOFFROY avoit donné à l'Académie des Sciences un travail très-détaillé sur ces Pierres animales, & il n'avoit rien négligé pour en former une ample collection.

Peut-être trouvera-t-on que dans ce Catalogue nous n'avons pas toujours suivi avec une parfaite exactitude l'ordre que nous nous sommes prescrit. Quelques articles contiennent différentes piéces qui n'ont guéres de rapport. Mais ces articles sont en petit nombre, & nous avons été forcés de les réunir pour ne nous pas trop écarter de l'ordre de l'Inventaire qui a précédé ce Catalogue. D'ailleurs les Curieux qui achettent, s'embarrassent peu de cet ordre, ils rangent suivant leurs idées les piéces qu'ils ont acquises, & nous ne prétendons point donner ici un ordre méthodique, un systême d'Histoire Naturelle.

Enfin nous croyons devoir avertir que nous avons été extrêmement réservés pour les notes & les raisonnemens. Nous n'avons expliqué que ce que nous avons cru absolument nécessaire; nous n'avons rien avancé que de sûr, voulant éviter le défaut de quelques ouvrages du genre de celui-ci dans lesquels on a débité plusieurs fables, qui peuvent bien en imposer à quelques personnes, mais qui ne rendent pas les piéces que l'on veut priser plus recommandables aux yeux des véritables connoisseurs. Pour tout le reste nous nous fommes contentés d'une simple annonce, laissant les Curieux faire eux-mêmes leurs réflexions, & l'éloge des articles qui peuvent en mériter. Seulement comme les noms des Coquilles varient suivant les pays, & même à Paris parmi les différens Amateurs, nous avons eu soin en nommant les principales Coquilles, de citer leurs figures, soit dans Lister, soit dans Rumphius, soit enfin dans la Conchyliologie de M. D... qui en fournit beaucoup. Par ce moyen on peut être sûr de l'espéce, & même de la variété de la Coquille qui est annoncée, & l'on peut voir d'avance presque tout le Coquillier figuré.

CATALOGUE

CATALOGUE
RAISONNÉ
DES CURIOSITÉS NATURELLES

Contenues dans le Cabinet de feu M. GEOFFROY.

TERRES, PIERRES FIGUREES ET PETRIFICATIONS.

N°. 1. Trois échantillons de ter- 1-
res Bolaires, dont deux
des Indes. 1-

2. Deux échantillons de terre en for- 1- 14.
me de pipe, dont une de terre de
Boucaro. 1-

3. Différentes terres Bolaires de plu- 5-
sieurs couleurs ; il y en a de très
joliment marbrées. 1-

4. Un Crabe pétrifié, & diverses au- 4-
tres Pétrifications & Crystallisa-
tions, avec deux terres sigillées
4-   A

CATALOGUE

5. Différens Echinites, Glossoptres ou Langues de Serpent, Pierres lenticulaires, Fungites, Os & Madrepores fossiles.

6. Différentes Pétrifications, Echinites, Bélemnites, Pierres judaïques, & autres, parmi lesquelles il y en a quelques-unes assez curieuses, entr'autres une Féve de S. Ignace pétrifiée.

Les *Bélemnites*, ou Pierres de Lynx sont rondes & longues, allant en diminuant vers une de leurs extrémités, qui se termine en pointe. Souvent elles sont creuses dans leur milieu, au moins elles ont à leur centre une rainure, à laquelle aboutissent des Stries, qui partent de la circonférence. Quelques-unes de ces Pierres sont transparentes & ressemblent à la Sardoine. On a été long-tems très-incertain sur l'origine de ces Pétrifications. On ne trouve aujourd'hui dans la mer aucune Coquille qui y ait rapport. Il en est de même des Cornes d'Ammon, qui sont si communes. Peut-être les espêces de ces Coquilles sont-elles péries. Néanmoins plusieurs Naturalistes modernes s'accordent à regarder les Bélemnites comme des Pétrifications moulées dans une espéce de Nautile que l'on ne rencontre peut-être pas, parce qu'il ne vit qu'au milieu de la mer. M. Linnæus dans son *Systema naturæ*, appelle la Bélemnite: *Helmintholithos nautili conici*; & la Corne d'Ammon: *Helmintholithos nautili compressi*. Quant à la Pierre judaïque, dont l'origine étoit autrefois aussi peu connue que celle de la Bélemnite, on sçait aujourd'hui qu'elle vient de pointes d'Eshinus ou Oursins pétrifiées.

7. Bélemnites, Colonites, Conchi- 1—10.
tes, & autres Pétrifications.

8. Huîtres & autres Bivalves pétri- 9-1.
fiées. 1-10.

9. Suite de différentes Pétrifications, 1—15.
dont quelques-unes forment des
groupes considérables. 1-10.

10. Différentes Pierres figurées, com- 4-4.
me Echinites, Bélemnites, Crabe
pétrifié & autres. 1.10.

11. Plusieurs Pétrifications, Hystéro- 3-3.
lithes, Belemnites, Conchites. 3-

L'*Hysterolithe* est ainsi appellée *à similitudine cum pudendo muliebri*. Il y a quatre Vers latins qu'un Allemand a fait au sujet de cette Pierre.

» Carnea quæ quondam fuerat, nunc saxea vulva est ;
» Causa, quod hæc saxo durior esse solet.
» Deucalionæis forsan oriunda lapillis
» Materiem primam deposuisse nequit.

Cette Pétrification doit son origine à une espèce d'Huitre que l'on trouve quelquefois dans la Méditerranée près de Marseille, mais souvent très-petite.

12. Suite de Pétrifications. 1-10. —— 1-10.
13. Groupes de Pétrifications. 2- 4-11.
1-10. 14. Echinites de différentes espèces. 4-15.
15. Plusieurs Pétrifications, telles 13-
que Pierres judaïques, Echinites,
Conchites, Becs-de-Poules,
&c. 4-

16. Deux morceaux pétrifiés, dont 8-

A ij

l'un est une portion de Nautile; & l'autre la partie inférieure de l'*Humerus* de quelque gros animal, mais différent de l'Éléphant.

3 — 17. Os fossiles, & quelques autres parties de poissons pétrifiées. 2 —

2 — 6. 18. Différentes Cornes d'Ammon, Conchites, Bélemnites & autres Pétrifications. 2 —

13=6. 19. Quelques Cornes d'Ammon, un Nautile pétrifié, un Priapolithe, ou Phalloïde, ainsi nommé *à similitudine cum pudendo virili seu Priapo*, & quelques autres Pétrifications. 3 —

12 — 20. Une grosse Corne d'Ammon & une grande Vis fossile. 3 —

4 — 21. Différentes Cornes d'Ammon, Bélemnites, Conchites, Ostracites, Colonites ou Entroques, Echinites, un Crabe pétrifié, & autres Pétrifications. 2 —

4 — 22. Suite de Pétrifications, telles que Bélemnites, Conchites, Entroques, &c. 3 —

21 — 18. 23. Deux Cunnolithes, ainsi appellés *à similitudine cum vulva muliebri, sive cunno*. Du Bois pétrifié, des Entroques, Fongites, deux Geodes, dont un contient de l'Amé-

thyste & différentes autres Pétrifications. 6

On appelle *Geodes* certains Cailloux ordinairement creux en dedans, & dont l'intérieur est assez souvent rempli de Crystaux. Celui ci est brut & sale en dehors, mais son intérieur est rempli de belle Améthyste. C'est un morceau fort curieux.

24. Geodes & Cailloux crystallins. 6
25. Un groupe d'Hystérolithes, deux Cunnolithes *, quelques Bélemnites, Pierres judaïques, Echinites & autres Pétrifications parmi lesquelles il y en a une fort singuliere : c'est une Noix dont l'amande est pétrifiée, & forme un caillou très-dur, tandis que l'extérieur, ou la partie ligneuse ne l'est point. 5

* Les *Cunnolithes* ont été ainsi appellées par M. Barrere. Ce sont des Pierres rondes, plattes d'un côté, & hémisphériques de l'autre. On voit sur le côté plat nombre de cercles concentriques, & sur l'autre face il y a au milieu un sillon assez profond, auquel aboutissent des Stries dont ce côté est chargé. M. Barrere regarde ces Pierres, comme des Epiphyses d'os pétrifiés de quelque animal. Mais ces morceaux ressembleroient plutôt à des bouts de Madrepores. On trouve souvent avec ces Cunnolithes, d'autres Pierres, qui leur ressemblent beaucoup, & qui n'en different qu'en ce qu'au lieu de la fente ou du sillon de la partie supérieure, elles ont plusieurs élevations longues qui se croisent. Ces Pierres ont été appellées *Boutons* par quelques personnes. Elles sont très-semblables aux Cunnolites, & paroissent avoir la même origine. C'est ce qui fait que nous les avons jointes ensemble.

26. Différentes Pétrifications, sçavoir un Priapolithe, un Cunnolithe, un Hystérolithe, quelques Echinites, deux Bélemnites ou Pierres de Lynx, &c. 3 –

27. Trente cinq verres ou cryſtaux de Montre, contenant plusieurs échantillons de Pétrifications, comme Gloſſopetres ou Dents de Serpents, Poulettes, Fungites, Entroques, Echinites, &c. avec quinze autres verres de montre vuides. 3 –

28. Trente-deux verres de montre, contenant diverses Pierres figurées, entre autres des Pierres judaïques de différentes eſpéces, des Aſteries, des Entroques, Cornes d'Ammon, &c. 3 –

29. Trente-deux autres verres de montre, contenant des Cornes d'Ammon de différentes eſpéces, des Gloſſopetres appellés Langues de Serpent, ou Langues d'Oiſeau, des Colonites, des Entroques, des Ardoiſes & Marnes, ſur leſquelles ſont imprimées des figures de Coquilles avec quelques autres échantillons de Pétrifications. 4 –

DES CURIOSITÉS, &c.

30. Un groupe de Rocher rempli de Cornes d'Ammon, de Figues & de Coquilles pétrifiées.

31. Une suite de Pétrifications, entre autres du Bois pétrifié, des Cornes d'Ammon, des Nautiles, de Griphites, une Pierre d'Aigle, des Entroques, une belle Incrustation sur des Plantes, &c.

32. Deux grands groupes de Pétrifications, où se voyent ramassées presque toutes les espéces, & surtout grand nombre de Madrepores différentes.

33. Pierre fort dure sur laquelle se voit l'impression d'un Poisson, avec différentes Pétrifications, entre autres un Cœur de Bœuf voluté, des Cornes d'Ammon, des Echinites, & des Pierres judaïques.

34. Impressions de Poissons, Feuilles, & parties de Poissons sur différentes Pierres; différentes Pétrifications, dont quelques-unes pyriteuses, des Crabes & parties de Crabes pétrifiées, & plusieurs Astroïtes.

35. Un Poisson & une Feuille de Plante imprimés sur des pierres,

avec différentes Pétrifications & Astroïtes. 10 –

36. Différentes Pétrifications parmi lesquelles sont plusieurs Os pétrifiés, & une Moule avec son orient sur un Caillou grenu. 3 –

37. Ardoise de Saxe sur laquelle est l'impression d'un Poisson qui paroît métallique, & une Pierre herborisée. 2 –

38. Deux Ardoises sur lesquelles sont des impressions de Poissons. 3 –

39. Deux autres Ardoises, sur lesquelles sont des impressions de Poissons. C'est le même Poisson qui se trouve empreint sur les deux. Il a été comprimé entre ces deux lames d'Ardoise, ce qui rend cette piéce plus curieuse & très-complette. 3 –

40. Pierres figurées portant des empreintes de Poissons, une Pyrite quarrée & un morceau de Pierre-ponce * brutte. Ce sont des pierres poreuses à demi-calcinées, que l'on trouve proche les Volcans ; quelques-unes sont si poreuses qu'elles nagent sur l'eau.

* La Pierre-ponce ordinaire ou Pierre-ponce fine doit pareillement son origine aux Volcans, mais elle a le

41. Une Pierre sur laquelle se trouve 5 —
l'empreinte de plusieurs Feuilles ;
les débris d'un Crabe pétrifié &
applati ; un grand glossopetre,
& plusieurs Coquilles pétrifiées.

42. Incrustation de Branches & de 6 —
Feuilles, formée dans les eaux
d'Arcueil, représentant un ar-
brisseau ; elle est montée dans un
pot à fleurs. 3 —

43. Une Branche d'If incrustée d'une
couche pierreuse & crystalline.
Elle est très-bien conservée, &
ressemble à une Stalactite crystalline. Elle est suspendue dans
une boëte vitrée. 24 —

44. Caillou crystallin sur lequel est
incrustée une Feuille de vigne
couverte d'une couche crystalline, qui semble y être gravée en
relief ; des Pisolithes, des Cicéro-
lithes ; une Pierre sur laquelle
sont imprimées plusieurs Coquilles, & un Scarabé couvert d'une
incrustation pierreuse, & enfermé
dans un petit Microscope. 3 —

45. Deux beaux groupes d'Incrus- 18 —
tations pierreuses, sur lesquels

grain fin, & n'est point dure comme la Pierre-ponce
brutte.

paroissent des Feuilles bien conservées. 4 —

5-6. 46. Autres groupes d'Incrustations.

2-1. 47. Dépositions & Incrustations faites par l'eau dans des canaux. 4 —

8- 48. Grandes & belles Stalactites. 4 —

2- 49. Autres Stalactites, dont plusieurs sont de la grotte d'Arci en Bourgogne. 1-10.

6- 50. Un Morceau de bois pétrifié, deux grands Glossopetres, plusieurs Echinites, Gryphites, Bélemnites enfermés dans le caillou, & autres Coquilles pétrifiées, dont quelques-unes sont toutes crystallines. 6 —

2-16. 51. Morceaux de bois pétrifié. * 1-4.

- 2-11. 52. Plusieurs Morceaux de bois fossile & pétrifié, dont un forme une Pierre-de-touche. 1-4.

2-1. 53. Bois pétrifié, Echinites, Geodes & autres Pétrifications. 2

2-2. 54. Un gros morceau de Bois pétri-

---

* Quelques personnes ont peine à croire que ce que l'on nomme bois pétrifié, ait véritablement été du bois. S'ils veulent examiner les choses sans prévention, ils trouveront ici de quoi se convaincre. Dans quelques-uns des Morceaux que nous annonçons, on voit distinctement les fibres ligneuses. Il y a sur-tout dans ce Cabinet un très-beau morceau de Bois devenu Agathe, que nous avons mis à la suite des Pierres fines, dans lequel on distingue les différentes couches & les nœuds du bois.

fié, trouvé proche Etampes. 2 _

55. Morceaux de Bois fossile d'Etam- 9 – 5.
pes & autres endroits. 2 _

56. Plusieurs Bois pétrifiés différens. 18 - 10.
Un Geodes plein de Marcassites:
différentes Pétrifications & un
Morceau de Crystal d'Islande. 2 10.

Ce Crystal ne se fend jamais à angles droits, mais obliquement, ce qui produit une réfraction qui rend doubles les traits, les lettres, & les différents objets que l'on regarde à travers. Ce n'est point un véritable Crystal quoiqu'il en ait la transparence, mais un *Gips* ou Plâtre séléniteux qui se calcine.

57. Cornes d'Ammon pétrifiées & 6 - 9.
pyriteuses, Nautiles, Vis, & autres Coquilles pétrifiées. 1 - 10. 7 - 12.

58. Idem. 1 - 10.

59. Différentes Pierres & Pétrifica- 22 -
tions, en particulier de l'Amianthe. Une grosse Pierre d'Aigle,
une Pierre poreuse & calcinée de
Volcan, un Priapolithe, diverses
Pierres étoilées, des Pierres num-
mulaires, &c. 3 _

L'*Amianthe* ou *Lin incombustible* est une Pierre, qui se divise en filamens flexibles. On la peut filer, & on en fait différens ouvrages qui résistent au feu.

60. Mélange de Pétrifications, Etoi- 7 - 4.

les de mer, Plantes marines, Tuyaux de vers rouges, avec un Soldat ou Bernard l'Hermite dans une Coquille. 3-

Le Soldat en latin *Cancellus* est cette petite espéce de Crabe, qui n'ayant que la partie antérieure du corps crustacée, se loge dans des Coquilles pour mettre à l'abri sa partie postérieure qui est molle & nue. Il ne prend pas seulement les Coquilles vuidés & délaissées, mais à leur défaut il tue & mange l'animal de celle qui lui convient, & s'y loge ensuite. A mesure qu'il grandit il quitte cette Coquille pour se loger dans une plus grande.

PIERRES FINES,

Marbres, Cailloux et Crystaux.

61. Seize verres de montre, contenant plusieurs Pierres fines, sçavoir, le Diamant, plusieurs Rubis, Saphirs & Peridots. 48-

62. Seize autres verres de montre renfermant des Topases, Hyacinthes, Emeraudes & Améthystes. 22-

63. Plusieurs Pierres, sçavoir, Girasols, Opales, Yeux de chat, Yeux de poissons, contenues dans seize Verres de Montre. Cette suite d'Opales

DES CURIOSITES, &c. 13

d'Opales est fort belle.

64. Grenats, Turquoises, Malaquites & Lapis, renfermés dans seize autres cryſtaux de montre.

65. Pluſieurs Cornalines, Saphirs, Grenats, Cryſtaux, & quelques Pierres de compoſitions, renfermées dans trente-deux verres de montre.

66. Trente-deux autres verres conenants pluſieurs Pierres fines, Cornalines, Saphirs, Grenats, Turquoiſes, Jaſpes, &c.

67. Diamans de Canada, (qui ſont des eſpéces de petits Cryſtaux,) Grenats, Hyacinthes, Rubis, Améthyſtes, Saphirs, Topaſes, Crapaudines, Perles orientales, &c.

68. Agathes œillées, Cornalines, Sardoines, Onyx & Calcédoines dans seize verres de montre.

69. Dendrites ou Agathes herboriſées, Dendrites rouges, Sardoines & autres Pierres dans seize verres.

70. Jades, Jaspes, Aſtroïtes & autres Pierres dans seize verres.

71. Fragmens de Pierres précieuſes, Grenats, Saphirs, Améthyſtes,

B

Hyacinthes, Agathes, Emeraudes, Topases, Jades, Malaquites, Lapis, Turquoises, & quelques Pierres figurées. 6-

72. Autre suite de fragmens de Pierres précieuses. 6-

73. Deux grandes Dendrites ou Agathes herborisées, de la grandeur de tablettes à brasselet. 6-

74. Quatre morceaux de Jade de différentes nuances, & plusieurs morceaux de Jaspe, Jaspe sanguin & Jaspe fleuri, avec quelques Agathes.

75. Plusieurs Lapis, dont quelques-uns fort beaux, Agathes, Crystaux, &c. 20-

76. Jaspe, Lapis poli & brut, Agathes, Crystaux, Cailloux, & une tête d'Agathe Onix montée. 6-

77. Agathes, Lapis, Sardoines, Crystaux, Pierres-de-lard & autres. 6-

78. Tasse d'Agathe, & deux tables d'Agathe, venant d'une coquille agathifiée. 6-

79. Une Boëte d'Agathe montée en or, & un paquet de Grenats. 40-

80. Une Mine de Grenats, & une de Malaquites. 8-

81. Une Mine de Saphirs, une Eme-

raude brutte, de petites Pierres de Florence herborisées, des Agathes herborisées, & divers échantillons de Jaspes & de Cailloux.

82. Un beau morceau de Jaspe fleuri.
83. Un morceau de Jade brut.
84. Echantillons bruts de Calcédoines, Opales de Sicile, Albâtre, &c.
85. Un très-gros morceau de Jade fort beau, & une Pierre de Florence.

Ce morceau de Jade est de la grosseur d'un gros pavé ordinaire, il est difficile d'en rencontrer de pareille taille.

86. Plusieurs beaux morceaux de Lapis, des Grenats & autres Pierres, & un joli Morceau de Crystal.

Ce Crystal est très-transparent, mais sa base est remplie de végétations qui forment comme un parterre d'arbrisseaux blancs & rouges. Cette Piéce paroît artificielle.

87. Une coupe d'Agathe, un autre vase de Jade artificiel, avec des Hyacinthes d'Allemagne.
88. Un gros morceau de bois devenu une belle Agathe, une tasse de Jade, quelques échantillons de

B ij

Cailloux & des Hyacinthes de montagne.

89. Un très-beau morceau de Bois agathifié, dans lequel on voit les fibres ligneuses, & qui prend un beau poli; un Os fossile; de l'*Ebur* fossile; une Pierre figurée en croix & différentes Pétrifications.

90. Une Pierre de Jade travaillée à jour.

91. Deux tasses de Jade à anses.

92. Un Bitume d'Alsace, dans lequel se trouvent des Onix: plusieurs Cailloux talqueux; un Sable talqueux & ferrugineux; & toute la suite de l'histoire d'une Fontaine pétrifiante d'Auvergne, qui a formé un pont.

Cette Histoire est très-complette. On voit un dessein de la Fontaine fort détaillé, & on y a joint des échantillons des différentes couches de pierre qu'elle a formées.

93. Une collection de trente-deux Agathes & Cailloux polis & en tablettes.

94. Une suite de 135. échantillons de Marbres, Cailloux, Améthistes, &c.

95. Une collection de 125. Echantillons choisis de Marbres, Albâ-

tres, & Porphyres en petites tablettes polies.

96. Deux échantillons de Marbre,
l'un de Breche grise d'Italie,
l'autre de Marbre blanc.
97. Une Figure Chinoise de Pierre-
de-lard.
98. Deux autres Figures de la même
pierre, sur leurs pieds.
99. Deux Ecrans Chinois de la même pierre.
100. Plusieurs longs Morceaux de la
même pierre.
101. Un Vase Chinois de la même
pierre, travaillé avec des branches d'arbre.
102. Grand & beau Caillou crystallin.
103. Un gros morceau de Caillou
d'Egypte brut. C'est ce Caillou qui prend un beau poli, &
dont on fait des Tabatieres.
104. Deux très-gros Cailloux d'E-
gypte, dont un poli d'un côté.
105. Deux autres gros Cailloux d'E-
gypte.
106. Deux gros Cailloux, l'un d'un
beau rouge & brut, l'autre à petites taches & poli.
107. Un autre Caillou brut.
108. Un gros Caillou d'Améthystes

B iij

venant de la colline des Améthystes au Pérou. Il est parlé de ces Cailloux dans la traduction d'Alphonse Barba, *pag. 54.*

109. Deux Cailloux d'Egypte bruts, dont un très-gros.

110. Trois morceaux de Cailloux, dont deux sont polis.

111. Différents Cailloux, dont quelques-uns sont bien colorés & prennent le poli.

112. Une belle suite de différents Cailloux, Agathes, Jaspes fleuris, & Cornalines.

113. Une Pierre de Florence en tableau, représentant des ruines ; plusieurs Dendrites, un Lapis, & des échantillons de Cailloux.

114. Une autre Pierre de Florence, représentant des ruines, une autre herborisée, & plusieurs Cailloux & Jaspes.

115. Différens échantillons de Cailloux & Jaspes, un morceau de Cryftal d'Islande, & une pierre d'Iris.

116. Divers échantillons de Cailloux bruts & polis, & un morceau de Miniere de Rubis.

117. Divers échantillons de Cailloux bruts & polis.

118. Un Caillou taillé en boëte, avec plusieurs échantillons de Cailloux, Jades, Jaspes, Agathes, &c.

119. Différens échantillons de Jades, Jaspes & quelques Cailloux, dont il y en a un fort beau, de couleur verte & violette, imitant l'Emeraude & l'Améthiste.

120. Un Caillou travaillé en boëte, & différents Jades & Jaspes.

121. Plusieurs beaux Cailloux, deux Salieres d'Agathe, & un morceau du *Mica* d'Agricola.

122. Crystaux de roche en aiguilles.

123. Différentes Cryſtallisations, une belle Mine d'Emeraudes, & un morceau de Verre d'Antimoine.

124. Cryſtaux d'Alençon; différents Fluors & Cryſtaux, dont quelques-uns teints en verd, & une Prime de Jaspe.

125. Autres Fluors cryſtallins, un chapelet d'Agathe, & un groupe de Pétrifications.

126. Quatre morceaux de Cryſtallisations.

127. Différents autres morceaux de Cryſtallisations, & un morceau de Jayet.

20   *CATALOGUE*

128. Cryſtaux teints en Emeraude & en Améthyſte, venants de Bourbon-les-Bains. 6.-

129. Un gros groupe d'Aiguilles de Cryſtal de roche. 6.-

130. Cryſtaux, Fluors cryſtallins, Quartz & Spath,*dont pluſieurs ſont colorés par des parties métalliques. 2.-

131. Idem. 6.-

132. Un Morceau de Cryſtal & du ſouffre d'excrémens humains. 2.-

133. Sels, Cryſtalliſations & une Etoile de mer. 2.-

* Le *Spath* & le *Quartz* ſont des Pierres qu'il n'eſt pas aiſé de diſtinguer à la premiere vûë. Elles accompagnent ſouvent l'une & l'autre les Mines, ſouvent elles ſont teintes par des parties métalliques, & toutes deux donnent quelquefois naiſſance à des Cryſtaux. Cependant on peut ordinairement reconnoître le Spath, en ce que les parties qui le compoſent ont une forme rhomboïdale, comme on le voit dans le Cryſtal d'Iſlande qui en eſt une eſpéce, au lieu que les fragmens du Quartz ſont irréguliers. Mais la grande & principale différence du Spath & du Quartz conſiſte en ce que le Spath eſt une Pierre calcaire, qui ſe réduit en chaux au feu, comme le Plâtre, ſans ſe vitrifier, & qui ne donne point d'étincelles frappée avec le briquet, mais ſe briſe & ſe réduit en fragmens; au lieu que le Quartz eſt vitreſcible, ſe vitrifie par le moyen du feu ſans ſe réduire en chaux, & donne des étincelles lorſqu'on le frappe avec l'acier. M. Pott a cependant trouvé un Spath vitrifiable, mais on pourroit regarder cette Pierre comme un Quartz, quoiqu'elle ſe diviſe en fragmens rhomboïdaux. On peut conſulter ſur ces Pierres la Minéralogie de Walerius Profeſſeur d'Upſal, dont nous venons d'avoir une excellente traduction.

134. Quelques Cryſtalliſations & 6-3.
Fluors cryſtallins, avec du Cryſtal de roche, contenant de l'A-
mianthe. 3-

135. Différents Fluors cryſtallins, 32-
dont un renfermé dans un Echinite bien conſervé. 3-

136. Deux groſſes Aiguilles de Cryſ- 54-3.
tal de roche, toutes remplies
d'Amianthe, qui y eſt enfermé:
une Marcaſſite pleine d'Amian- 21
the; divers morceaux d'Amianthe, dont un eſt travaillé, & un
morceau de Carton ou Papier
fort, fait de la même matière. 20-

On ſçait que l'*Amianthe* eſt une Pierre qui ſe
ſépare en filets moûs, qui peuvent ſe travailler,
ſe filer, & dont on fait de la toile & du papier
qui réſiſte au feu. C'eſt ce qui lui a fait donner le
nom de *Tela asbéſtes*. La ſuite que nous annonçons ici eſt belle, & les différens accidens qui
s'y rencontrent la rendent intéreſſante.

137. Divers morceaux d'Amianthe, 20-1.
avec deux Cryſtaux remplis de
même matière. 4-

138. Suite de Fluors cryſtallins, dont 7-10.
un eſt de couleur de Sardoines.

139. Aiguilles de Cryſtal de roche, 10-10.
& autres Cryſtalliſations, Spath
joint à une Mine de Plomb, &
pluſieurs Grenats. 3-

22 CATALOGUE

140. Différentes Cryftallifations, dont une eft Prime d'Emeraude, une autre jointe à du Minéral, & une troifiéme imitant l'Agathe. 3-

141. Différens Cryftaux, & en particulier deux morceaux de Cryftal d'Iflande ou Cryftal à refraction, trouvé proche Alais en Provence. 1-10.

142. Une Pierre de touche & plufieurs Cryftallifations. 3-

143. Divers Morceaux de Spath & Quartz blanc & verd. 2-

144. Talc de Venife, Talc de Mont-Martre, Talc artificiel & Pierres Talqueufes. 2-

Le vrai Talc, tel que celui de Venife, eft un peu gras & doux au toucher, fe leve par écaille, & ne fe calcine point. Celui de Montmartre & le beau Talc de Mofcovie, que l'on nomme auffi *Pierre fpéculaire*, eft fort différent. Il fe leve bien par couches, mais il fe calcine, & n'eft qu'un Plâtre fin, & non pas un vrai Talc, quoiqu'on lui donne ce nom. Auffi le trouve-t-on avec la pierre à Plâtre.

PIERRES MINERALES
ET METALLIQUES.

145. Une Pierre d'Aimant montée en argent; une branche de Corail ou Lithophyte noir; de la Terre de Lemnos, ou Terre sigillée; une Boëte de Serpentine, &c.

146. Une Pierre d'Aimant armée en cuivre.

147. Une Pierre d'Aimant armée, une petite démontée, une autre brute, & deux morceaux d'un Litophyte, appellé Corail noir.

148. Une Pierre d'Aimant armée, une autre grande non montée, & deux Calumets de la Louisiane.

149. Une Pierre d'Aimant non montée, de petits Aimants bruts, une Pierre de foudre, & une Pierre de Florence représentant une Campagne avec des arbres.

149.* Un petit Aimant artificiel, dans son étui.

24 CATALOGUE

150. Pierre Hémathite * & Pierre d'Aimant.
151. Une Pierre Hémathite & de la Mine de Cuivre.
152. Différentes Pyrites & Pierres pyriteuses.
153. Diverses Pyrites, parmi lesquelles est la Pyrite ronde à pointes de clouds, qui se trouve dans la Craye.
154. Différentes Matières & Laves vômies par le Mont Vésuve.
155. Suite de Laves, ** Pierres sulfureuses, & Alumineuses calcinées, & autres excrétions de Volcans.
156. Autre suite d'Excrétions de Volcans d'Italie & de Sicile.

* L'*Hémathite* est une Pierre minérale rouge, qui contient du fer. Sa couleur lui a fait donner le nom qu'elle porte. Quelques personnes confondent l'Hémathite avec la Sanguine. Mais il est aisé de les distinguer. La Sanguine est d'un rouge mat, sans aucun brillant; au lieu que l'Hémathite a un œil minéral brillant; de plus celle-ci est plus pésante, & quand on la casse elle fait voir dans la fente des espéces d'aiguilles.

** Les *Laves* sont des Pierres que l'on trouve proche les Volcans. Elles en sont le produit, car elles n'existent point naturellement sous cette forme. Les Volcans brûlant & vitrifiant des terres & des pierres, ces matières fondues se ramassent, se refroidissent, se condensent ensemble, & c'est à cette concretion qu'on a donné le nom de Lave. La Lave est très-dure; on la travaille & elle prend un beau poli. Pour lors elle est de couleur brune, semblable à celle de la Serpentine.

MINES.

DES CURIOSITÉS, &c. 25

MINES.

157. Une bouteille contenant du Sa- 23-8
ble d'Or pur, tel qu'on le re-
cueille dans les rivières en plusieurs endroits de l'Amérique. 106-

158. Quatre échantillons de Mines 7-6
d'Or des Indes fort riches. 30-

159. Deux échantillons de Mines 3-6
d'Or. 3-

160. Deux autres Mines d'Or. 20-   24-1

161. Idem. 20-   20-3

162. Autre Mine d'Or & une Mine 15-3
rouge d'Etain de Saxe. 8-

163. Mine d'Or du Pérou de couleur 90-5
noire, & une Mine contenant
de l'Or, de l'Argent, du Cuivre,
du Fer & du Plomb. 12-

164. Divers échantillons de Mines 129-1
d'Or, d'Argent, de Cuivre, d'E-
tain, de Plomb, & de Cinnabre, avec des feuilles d'Argent
vierge, tel qu'il se sépare de la
Mine, & des petits Culots d'Argent rafiné. 22-

164.* Une Piéce de monnoye d'Ar- 2-15
gent, dont un côté a été changé

C

en Or par le moyen du Mercure Philosophique. * 2 –

47-1. 165. Quelques Mines d'Argent où le métal est en filets & en feuilles ; une Mine d'Argent du Pérou, une Mine d'Argent noire, une Mine de Plomb riche en Argent, & un morceau d'Argent fin du Mexique. 24 –

14-4. 166. Mine d'Argent du Potosi végétée en feuilles. 8 –

36 – 167. Mine d'Argent noire en filets chevelus. Ce morceau contient aussi du Plomb & un peu de Fer. 15 –

48-5. 168. Deux morceaux de Mine d'Argent en feuilles venant du Pérou. 35 –

193- 3. 169. Mines d'Argent du Potosi en filets & feuillages. 44 –

330 – 170. Mine d'Argent très-riche de Ste Isabelle au Potosi : l'Argent y croît en gros morceaux au milieu des Améthystes. C'est un très-beau morceau. 50 –

84-5. 171. Huit échantillons de Mines

---

* Cette Piéce est d'argent du côté qui porte la tête. Le revers est d'or : cet or sembleroit avoir pénétré en quelques endroits jusqu'à l'autre côté. Cette Piéce vient d'un Alchimiste, qui prétendoit l'avoir convertie en or, en la frottant d'un côté avec la Poudre Mercurielle des Philosophes.

d'Argent, dont une rouge & plusieurs de Freiberg en Saxe.

172. Huit Mines d'Argent, dont une rouge, une noire & d'autres sur lesquelles l'Argent végéte en filets plus ou moins gros, & en feuilles.

173. Suite de huit Mines d'Argent: parmi lesquelles sont trois Mines d'Argent rouge, l'une de Clausthal en Hartz, l'autre de Schneberg en Saxe, & la troisiéme de Bohême; un morceau ou grain d'Argent naturel du Pérou, nommé dans le pays *Plata bianca*; un morceau de Mine de Cinnabre & Argent; une Mine d'Argent des Indes sur laquelle le métal est en feuillets, & une Gangue cristalline qui se trouve avec la Mine d'Argent rouge.

174. Argent talqueux vierge du Pérou, & deux morceaux de Cristaux pyriteux de Saxe.

175. Suite de Mines d'Argent, dont quelques-unes sont rouges, un morceau d'Argent fin, & une suite de mines de Plomb, dont plusieurs contiennent beaucoup d'Argent.

48— 176. Mines d'Argent, de Cuivre, de Fer, d'Etain, &c. & en particulier plusieurs Mines de Cuivre de l'Amérique étiquettées. 8—

10-4. 177. Différentes Mines d'Argent, de Cuivre & de Plomb, la plûpart d'Allemagne. 6—

4— 178. Mine d'Argent & de Plomb d'Allemagne ; une autre de Bretagne contenant du Plomb, du Fer, & de l'Argent, & une Pyrite. 2—

24-1. 179. Suite de différentes Mines d'Argent, de Cuivre, de Plomb, & autres Minéraux venant de différens endroits, sur-tout de Provence, au nombre de 55, contenues dans autant de papiers numerotés avec une liste qui renvoye à chaque numero. De plus du Sable contenant des parcelles d'Or. 6—

148— 180. Un beau morceau de Mine de Cuivre verte & soyeuse de la Chine. Cette belle Mine est d'un verd très-beau, & paroît à la vûe soyeuse & comme veloutée. Quelques personnes prétendent que c'est de cette Mine dont on tire la Malaquite. 24—

181. Mine de Cuivre de S. Domin- 4-1.
gue, & une autre du Piedmont
contenant du Cuivre & du Fer.
182. Mine de Cuivre pyriteuse de 30-
Suisse. Elle contient des parties
fort noires, on l'appelle *Pix
terræ*. Un beau morceau de
Gangue pyriteuse. 6-
183. Suite de Mines de Cuivre de 21-13.
Suéde & de Ste Marie-aux-Mi-
nes, avec des échantillons de
Cuivre fin. Quelques Mines de
Cinnabre, du Cobolt ou Mine
d'Arsénic, de la Mine d'Etain,
un morceau d'Etain d'Angleterre, & quelques Pyrites. 9-
184. Suite de 16. échantillons de 64-5.
Mines de Cuivre différentes,
la plûpart fort belles. 12-
185. Une suite de différentes Mines 14-1.
de Cuivre & de Plomb étiquet-
tées ; & une terre dont on fait
des Vases en Egypte. 3-
186. Différentes Mines de Cuivre, 8-10.
de Fer, de Plomb, Cinnabre,
Cobolt, &c. la plûpart étiquet- 3-
tées. 1-4.
187. Echantillons de Mines de Plomb, 12-
d'Etain, & quelques Mines de
Cuivre. 6-

C iij

42.2. 188. Mines de Plomb avec du Quartz. 3 —

15-13. 189. Suite de Mines de Plomb, la plûpart du Royaume, avec quelques Pyrites arsénicales. 10 —

6-3. 190. Autre suite de Mines de Plomb de France, avec une Pierre talqueuse. 4 —

24— 191. Quatre Mines de Plomb, dont deux de Freiberg en Saxe, l'une rouge & l'autre verte, une autre verte de Goslar, & une de Plomb & d'Etain. 20 —

17-12. 192. Mine de Plomb & d'Argent de Freiberg, & Mine de Plomb verte avec un Quartz rouge. 12 —

6— 193. Plusieurs Mines de Cuivre, Plomb, Bismuth, Fer, &c. 2 —

4— 194. Différentes Mines de Plomb & d'Antimoine. 2 —

6-8. 195. Une suite de dix échantillons de Mines de Fer de différens Pays. On a joint à chacune le nom de l'endroit d'où elle vient. 2 —

6-2. 196. Mine de Fer contenant des Hyacinthes de la Vallée d'Aost. 15 —

15-10. 197. Quatre Mines d'Etain étiquettées, dont une de Bohême, deux autres d'Allemagne, & une de Cornouailles. 2 —

18-1. 198. Plusieurs gros morceaux de Mine d'Antimoine. 4 —

199. Mine d'Antimoine rouge de Braunsdorff en Saxe; elle est crystallisée en petits Crystaux fins comme des cheveux. 36-1

Des Crystaux pyriteux de Saxe, & une Marcassite rouge contenant de l'Antimoine & du Cinnabre.

Une Tasse de régule d'Antimoine. 10-

On sçait que ces Tasses donnent la vertu émétique aux différentes liqueurs qu'on y laisse quelque tems. Autrefois on se servoit de cette méthode pour vuider les malades par en haut. Mais cette pratique n'est pas sûre, parce que la liqueur qu'on laisse ainsi, peut prendre plus ou moins de vertu émétique sans qu'on puisse être assuré de la dose. C'est ce qui en a fait abandonner l'usage.

200. Deux morceaux de Cobolt de Schneberg, dont l'un avec un filon de Mine de Plomb. 14- 3-

On appelle *Cobolt* le Minéral, dont on tire l'Arsénic; c'est aussi de cette même matière dont se tire le Saffre avec lequel on peint la Fayence en bleu.

201. Deux morceaux de Cobolt, & deux Mines de Bismuth fort riches. 14- 3-

202. Un beau morceau de Cinnabre natif; d'où découle le Mercure. 24-

Le *Cinnabre* est un Minéral rouge, fort pesant, dont se tire le Mercure. Cette Pierre rouge n'est qu'un composé de Souffre & de Vif-argent, & celui-ci se trouve presque toujours sous cette forme, car rarement trouve-t-on dans les Mines le Mercure coulant. Il y a dans plusieurs Cabinets des morceaux de Cinnabre, que l'on montre par curiosité comme très-riches, dans lesquels on apperçoit de petits globules de Mercure & d'où il paroît suinter. Mais c'est un artifice des Brocanteurs qui introduisent du Mercure dans le Cinnabre pour le faire paroître plus riche. Ce Morceau-ci est de ce nombre. Il étoit assez beau pour n'avoir pas besoin d'une pareille charlatanerie.

203. Autre morceau de Cinnabre natif, de Soquet en Espagne.

204. Deux Vases l'un de Crystal, l'autre de Verre scellé hermétiquement, contenant tous deux du Mercure.

205. Plusieurs Pyrites & Marcassites.

206. Autres Pyrites & Marcassites la plûpart ferrugineuses.

BITUMES.

207. Un très-beau Vase de Succin, ou Ambre jaune fait en coupe antique, bien travaillé & monté en Bronze.

208. Un gros morceau d'Ambre jau- 60 - 15.
ne ou Succin, avec plusieurs autres de différentes nuances, dont
un est sculpté. 15 –

209. Suite d'Ambre jaune de diffé- 44 - 2.
rentes teintes, brut & travaillé.
Il y a entr'autres deux jolis morceaux ; l'un est très-transparent,
taillé en Cuillier, l'autre est brut:
tous les deux contiennent des
Fourmis très-bien conservées.

210. Autre suite d'Ambre jaune de 44 - 4.
différentes nuances, dans laquelle il y a un morceau transpa-
rent qui renferme un petit Papillon, & d'autres qui contiennent quelques Insectes. 22 –

L'origine du *Succin* a été long-tems très-in-
certaine, & même n'est pas encore bien connue
aujourd'hui. On l'a successivement fait passer du
régne végétal au régne minéral. Bien des personnes pensent avec assez de fondement qu'il
doit sa premiere origine à un suc ou une résine
d'arbres, qui se minéralise ensuite en terre. Ce
qu'il y a de certain, c'est que les différens animaux qu'on trouve enveloppés & enfermés dans
cette substance, prouvent qu'elle a été fluide.

211. Un morceau de Jayet ; du Souf- 12 - 15.
fre natif de la Guadeloupe, très-
beau & crystallin ; une Moule
du Magellan montée en Argent

en forme de boîte à poudre, & quelques autres Piéces, en particulier un beau *Lapis Armenus* * de la Chine. 10 —

10-1. 212. Deux gros morceaux de Jayet, & une boîte de très-beau Souffre natif de la Guadeloupe. 3 —

* Le *Lapis Armenus* est une Pierre bleue friable, qui doit sa couleur au Cuivre qu'elle contient. C'est une véritable Mine de Cuivre. On tire de cette Pierre une assez belle couleur bleue, que l'on nomme *Cendre bleue*. Le *Lapis*, dont nous avons parlé plus haut, & que l'on appelle aussi *Lapis Lazuli*, approche beaucoup de la Pierre d'Arménie. C'est pareillement une espéce de Mine de Cuivre bleue, parsemée de points brillans comme de l'or, mais elle est dure, compacte & prend le poli. C'est du Lapis que se tire la couleur précieuse de l'Outremer.

PARTIES DE PLANTES
Et autres Productions végétales.

8 — 213. Un gros morceau du tronc de l'arbre qui produit le Benzoin. Ce Morceau est très-résineux.

3-5. 214. Un morceau de bois qui donne la Gomme Caragne, dans lequel on voit beaucoup de cette résine; & un morceau de bois de senteur des Indes.

215. Fruits des Indes, en particulier du Fruit & des Feuilles de Thé ;

l'Anacarde, du Coton, &c. &
du Baume de la Mecque.

216. Plusieurs Fruits des Indes, entr'autres le *Guanabanus*, le Cachyman ou Carasol, & autres.

217. Différentes Productions des Indes & de la Chine, telles qu'un morceau de bois de Chandelle, qui est une espéce de Santal; un morceau de Bois rouge du Japon; une Orange séche de la Chine, des Pillules Chinoises contre l'Apoplexie; une *Figue-caque* de Chine; la *Rais de Jodo Lopez*; de l'écorce de l'arbre *Aquila* de la Havanne, dont on fait de la Dentelle, avec un morceau de cette Dentelle; un Baume venant des Canaries dans un roseau, &c.

218. Deux Bougies faites de la cire de l'arbre de cire de la Louisiane, l'une jaune, l'autre verte.

219. Différens échantillons de fruits & plantes de la Chine, entr'autres des branches & du fruit de l'arbre du Suif, des fruits d'un Sésame, &c. & une Coque de Vers à soye sauvages de la Chine.

220. Deux fruits de Muscades entiers, conservés dans la liqueur, & un morceau de Canne de Sucre.

221. Plusieurs paquets de feuilles du Betel dont mâchent les Orientaux ; des graines de Quinquina, une gousse d'Acacia, des prunes de Monbin, & autres fruits, avec un Baume de Ste Marie.

222. Echantillons de Thé, avec les différentes préparations de cette feuille, ce qui forme une suite complette de tous les états par où elle passe, avant de nous être apportée.

223. Un paquet d'Epis de Riz, avec l'Orseille, espéce de *Lichen* qui sert à teindre en rouge.

224. L'*Agnus Scythicus* ou *Borames*, que l'on a cru long-tems être une Plante-animal.

On a débité beaucoup de contes au sujet de l'*Agnus Scythicus*. La plûpart des Auteurs disent que cette plante, ainsi nommée à cause de sa ressemblance avec un Agneau, tient à la terre par une tige ou un pédicule, qui lui sert de nombril, qu'en croissant elle change de place autant que son pédicule le lui permet, & qu'elle broutte l'herbe des environs, qu'enfin en mourant elle se séche, & se revêt d'une peau douce & velue. En examinant les choses de près on voit que

l'*Agnus*

l'Agnus Scythicus n'est que le collet d'une racine de Fougere, dont on a soin de retrancher les petites racines, tandis qu'avec les bouts des tiges on forme les prétendues pattes de cet Agneau. Cette espéce de Fougere croît proche de Samara sur le Wolga.

225. Morceau de bois des digues de Hollande rongé par ces Vers qui ont fait tant de ravages dans ces digues; le *Pe-fou-li* ou Squine blanche de la Chine, des Siliques & autres fruits des Indes.   6-1.

PLANTES MARINES
ET LITHOPHYTES.

226. Cinq grandes Madrepores & Cerveaux marins. 7–   27-4.
227. Plusieurs Madrepores, Astroïtes & Tubulaires. 7–   12-4.
228. Diverses Madrepores dont quelques-unes sont fossiles.
229. Différentes Madrepores & Astroïtes. 5–   6-5.
230. Deux Madrepores. 13–   ——— 20-4.
231. Une Madrepore montée sur un pied de bois noir. avec 238. 12–   28-1.
232. Une Madrepore & un Oursin. 30-

D

chacun sur un pied de bois tourné. 12-

233. Autre Madrepore sur un pied de bois: quelques Huîtres & tuyaux de Vers marins font groupe sur cette piéce. 6-

234. Une belle Madrepore montée sur un pied, & enfermée dans une boîte vitrée. 24-

235. Deux Plantes marines groupées sur un morceau de Rocher, & un gros morceau d'Orgues marines ou tuyaux rouges de Vers. 12-

236. Deux belles Plantes marines. 3-

237. Deux morceaux du *Fucus* ressemblant à la toile, appellé *Fucus telam sericeam referens*, l'un sur un litophyte, l'autre sur une éponge; la grande & la petite Coralline; des Œufs de la grande pourpre; deux Oursins avec leurs pointes; un *Echino-spatagus* avec ses pointes, & une Dail entiere avec l'animal conservé dans la coquille. 6-

238. Trois Plantes marines semblables aux précédentes, sçavoir, la petite Coralline & le *Fucus* imitant la toile. avec n.° 231-

239. Le Gand de Neptune, un *Fu-*

cus, des tuyaux d'Orgues rouges, des Coralloïdes, des Eponges rameuses & autres plantes marines. 5 —

240. Une Panache de mer, & plusieurs Coralloïdes. 6 — 18-1.
241. Une grande Panache de mer, avec un *Echino-spatagus* garni de ses pointes, monté sur un pied de bois tourné. 4 — 8-2.
242. Autre grande Panache, avec une Plante marine sur un pied de bois. 3 — 7-5.
243. Un grand Lithophyte. 3 — — 13 —
244. Autre Lithophyte. 1-4. — 2-1.
245. Un très-beau Lithophyte, & un groupe de Madrepores & Coraux. 8 — 38 —
246. Deux autres Lithophytes. 2 — — 3-5.
247. *Idem.* 3 — — 1-4.
248. Un grand Lithophyte attaché à un Caillou. 2 — 7-12.
249. Deux Lithophytes, & un Fruit. 2 —
250. Différentes Coralloïdes sur des coquilles & des cailloux. 6 — 7-4.
251. Plusieurs Champignons de mer, & autres plantes marines ; la Figue de mer ; la Dentelle de Neptune, le *Fucus* imitant la toile, & de belle Oüate de *Byssus*, ou de 45-8.

D ij

Pinne marine brute & cardée. 18 —

Cette *Oüate* est brune, douce au toucher, semblable à la soye la plus fine. Il paroît que c'est le *Byssus* si fameux des anciens. Au défaut de la soye on pourroit en faire de très-beaux ouvrages. Ce sont les fils avec lesquels la Pinne marine s'attache aux rochers.

21-5. 252. Un Champignon de mer & quelques Madrepores de différentes espéces, Astroïtes, Abrotanoïdes, &c. 10 —

8-2. 253. Plusieurs Champignons de mer; plusieurs Madrepores, & autres plantes marines, & deux morceaux d'*Equisetum* marin, ou Corail articulé. 6 —

Cette derniere Plante marine est rare & curieuse; elle est blanche, avec des articulations ou étranglemens noirs.

15-5. 254. Un Champignon de mer, un beau morceau de Corail articulé, un Astroïte & plusieurs Madrepores. 4 —

8-16. 255. Un morceau de Corail articulé, & plusieurs Madrepores. 3 —

15-7. 256. Une belle Madrepore montée sur un pied de bois noirci. 9 —

24-10. 257. Autre espéce de Madrepore sur un pied semblable. 6 —

84-2. 258. Branche de Corail blanc, sur un

pied de plomb bronzé. 15 —
259. Un beau morceau de Corail 68 —
rouge. 24 —
260. Une branche de Corail rouge & 19 — 1.
une Madrepore. 6 —
261. Trois autres branches de Corail 27 —
rouge, dont deux avec leur
écorce. 24 —
262. Un beau morceau de Corail 25 — 15.
rouge dépouillé de son écorce,
& poli. 24 —
263. Deux belles branches de Corail 92 —
rouge dépouillé de son écorce. 40 —
264. Deux branches de Corail rouge 36 —
garnies de leur écorce. 4 —
265. Des morceaux de Corail de dif- 31 — 9.
férentes couleurs & nuances. 6 —
266. Une suite de Coraux blancs, 29 —
couleur de chair, & rouges, de
différentes nuances. 12 —
267. Différens morceaux de Corail 31 — 1.
blanc poli, avec un très-beau
morceau brut, & plusieurs autres Coraux de différentes nuances. 6 —
268. Une très-belle branche de Co- 105 —
rail rouge brut avec toute son
écorce. Ce morceau a une parti-
cularité très-curieuse. Plusieurs
petites branches d'en haut se sont

D iij

cassées, sont tombées au milieu, & s'y sont resoudées les unes par le bout, les autres par leur longueur. On voit l'écorce de l'ancienne branche, qui les recouvre. Cette piéce pourroit aider à expliquer la végétation du Corail. 74—

LE COQUILLIER.

15— 269. Six Coquilles, sçavoir, un *Nautile* dépouillé, un *Perroquet* ou *Burgau*, duquel se tire la belle nacre appellée *Burgaudine*; une Moule de couleur violette & brute; un groupe d'Huîtres qui s'est trouvé attaché sur une branche d'arbre, dont il reste encore des vestiges, & deux autres Turbinites. 12—

21—1. 270. Sept piéces, sçavoir un *Nautile* sculpté, un *Burgau*, une *Porcelaine*, une Doublette, deux autres Turbinites, & une Cuillier faite de morceaux de Porcelaines montée en argent, & qui démontée sert de fourchette. 9—

271. Huit Coquilles, sçavoir, un *29 –*
Nautile dépouillé, une *Caſſan-*
dre ou *Harpe* aſſez grande & dont
les couleurs ſont vives ; un *Bur-*
gau, deux *Porcelaines* différentes, & trois Bivalves, dont une
eſt une *Moule* allongée, de Terre neuve. 3 –

272. Huit piéces, dont deux *Nauti-* 16 – 6.
les, l'un dépouillé, & l'autre gravé, une *Caſſandre,* une *Moule,*
deux *Porcelaines,* & autres Turbinites. 6 –

273. Un *Nautile,* & la Coquille bi- 30 – 12.
valve, appellée *Imbricata,* en
François la *Tuilée.* Cette derniè-
re, qui ſe pêche dans la mer rouge, eſt curieuſe, ſur-tout lorſqu'elle eſt bien entiere. C'eſt de
cette eſpéce que ſont faits les
bénitiers de l'Egliſe de Saint Sul-
pice. 12 –

274. Sept piéces, sçavoir, la *Tine* de 19 – 2.
Beurre, le *Choux,* un *Manche de*
Couteau, une *Dail,* deux autres
Turbinites, & une petite écaille
de Tortue. 12 –

275. L'Huître appellée le *Marteau* ou 96 –
le *Crucifix,* à cauſe de ſa figure
tout-à-fait ſinguliere. On ſçait

44 CATALOGUE

combien cette coquille est rare. Un *Jambonneau*, un *Nautile* & deux *Echinus* ou *Oursins*. 20-

164- 276. Six piéces, sçavoir, un beau & grand *Marteau*, deux *Casques*, une écaille de petite Tortue, un grand Opercule, & une Bivalve. 40-

Les *Opercules* sont une espéce de coquille ovale, avec laquelle les animaux qui habitent les coquilles turbinées ferment l'entrée de leurs habitations. On conçoit par-là que les Bivalves ou Doublettes n'en doivent point avoir, les deux battans de leurs coquilles les enveloppant de tous côtés sans laisser d'autre ouverture que celle qu'ils forment lorsqu'ils s'ouvrent. Ces Opercules ont d'un côté une empreinte volutée, & de l'autre ont souvent de très-belles couleurs semblables à celles des pierres fines.

55- 277. Un *Nautile papyracé*, ainsi appellé à cause de sa délicatesse, n'étant pas plus épais qu'un papier. On peut juger par-là combien il est difficile de trouver cette coquille bien conservée. Celle-ci est fort entiere ; un *Jambonneau*, une *Huître épineuse*, une *Came*, & une autre Bivalve striée. 24-

11- 278. Autre *Nautile papyracé*, deux *Sabots* dépouillés, dont l'un est le *Bouton de la Chine*, une Bivalve striée & un *Jambonneau*. 2 —

279. Un autre petit *Nautile papyracé*, 30 —
Une grande *Pinne marine*, sur un des côtés de laquelle est attachée une *Huître* bien entiere avec ses deux côtés; une autre *Pinne marine épineuse*, dont il n'y a qu'un côté; & plusieurs Huîtres groupées autour d'un Limas. 12 —

280. Un beau & grand *Burgau* & trois 15 —
Oursins, dont l'un dépouillé, l'autre avec ses pointes, & le troisiéme est la belle espéce appellée *Brissus*, qui est ovale, chagrinée avec une étoile en dessus, ouverte en dessous & sur le côté, au lieu que les autres le font en haut. Cette belle espéce est représentée planche 28. fig. L. de la Conchyliologie de M. D... 6 —

281. Trois *Huîtres* dont une grande 12 - 6
Nacre, & une autre est l'*Ostreum placentiforme, sive ephippium*, que quelques-uns nomment la *Selle Angloise* ou *Polonoise*, & d'autres la *grande pelure d'Oignon*. Cette espéce, qui est mince & fort platte, est rare. On y a joint deux morceaux de cette coquille

taillés en quarré. Ce sont les vitres dont se servent les Chinois. 6

27- 282. Une *Tonne* blanche, rayée de cordelettes tachées de jaune. Elle est représentée fig. C. planch. 20. de la Conchyliologie de M D... Un *Buccin* fort irrégulier figuré planch. 13. fig. B. du même ouvrage; un *Limas*, une espéce de *Lampe*, & un *Murex* ou *Pourpre* approchant de l'*Araignée*. 6

30-1. 283. Un *Chou* avec plusieurs autres bivalves, *Cames* & *Pecten*, & une petite écaille de Tortue. 12

10- 284. La *Perdrix* avec plusieurs Bivalves, *Cames*, *Peignes* & *Huîtres*. 6

20- 285. Le *Cœur en arche de Noë* [pl. 26. fig. C. de la Conchyliologie.] Le *cœur de Bœuf tuilé*, [pl. 26. fig. M. du même ouvrage.] Les deux espéces de *Manche de couteau*, [fig. K. & L. planche 27. du même.] Et plusieurs *Cames*, parmi lesquelles sont deux Coquilles de *Venus*. 6

16- 286. Le *cœur de Bœuf à oreilles en volute*. Cette coquille est ordinairement petite, celle-ci est assez grande & très-bien conservée; un autre *cœur de bœuf*; des *Manches de couteau* de différentes espéces, plusieurs *Cames* & une *Oreille de mer.* 6 —

287. Un *cœur de Bœuf* tuilé ; un autre 4 — 17. *cœur de Bœuf en arche de Noë*, & plusieurs *Peignes, Pectoncles* & *Cames.* 3 —

288. Différentes *Moules*, dont une a 19 — 12. des Perles dans son intérieur ; deux *Conques* ou *Coquilles de Venus* ; une *Dail*, avec plusieurs petites *Cames.* 6 —

289. Deux *Conques de Venus* avec dif- 15 — 2. férentes *Cames.* 10 —

290. Le *Brandon d'amour* ou l'*Arro-* 72 — *soir*. Cette charmante coquille est extrêmement délicate, & on sçait combien il est difficile de l'avoir bien entiere. Quatre *Boutons* de mer, ou *Oursins* dépouillés de leurs piquans ; & trois petits *Cornets chambrés*, ou petites *Cornes d'Ammon*, figurées pl. 29. fig. K. de la Conchyliologie. 24 —

Ces petits Cornets sont extrêmement minces; leur intérieur est chambré comme celui des Nautiles & des Cornes d'Ammon, ce qui les raproche de ce genre, & les éloigne des Tuyaux de vers auxquels quelques Auteurs ont voulu les rapporter. Rumphius les a appellés *Cornu Am-*

monis; Thezaur. Tab. 20. num. 1. & Lister leur a donné le nom de *Nautilus exiguus albus pellucidus teres* : Hist. conchyl. lib. 4. sect. 4. fig. 2.

6-2. 291. L'*Echinus* ou *Oursin* appellé *Brissus*; deux *Oursins* communs, l'*Echino-spatagus* ou *Pas de Poulain*, [fig. M. planch. 28. de la Conchyliol.] & trois petits *Cornets chambrés*. 6-

6- 292. Deux *Oursins* plats, dont l'un est perforé; deux *Oursins* communs, un *Echino-spatagus* & quatre petits *Cornets chambrés*. 3-

5?- 293. La plus belle espéce d'*Oursin*, venant de la mer rouge, [figuré planch. 28. fig. F. de la Conchyliologie;] ses pointes séparées; deux *Oursins* plats, dont l'un perforé & lacinié, deux *Oursins* communs, & deux petits *Cornets chambrés*. 10-

40-1. 294. Trois petits *Oursins* de la mer rouge, dont un garni de ses piquans; un *Oursin* commun; un tuyau en cornet appellé *Dentale*, [planch. 7. fig. H. de la Conchyliol.] Plusieurs *Antales*, [fig. K. même planche.] Un groupe de deux Glands de mer, appellés *Tulipes de mer*, [planch. 30. fig.

fig. A. Conchyliol.] Une *Conque anatifere*, plusieurs *Pousse-pieds*, & un tube de Vermisseau de mer. 10 —

295. Autre *Oursin* de la mer rouge, 16 — avec ses pointes séparées : [figuré pl. 28. fig. 2. de la Conchyliol.] deux *Oursins* communs, & un *Oursin* plat perforé & lacinié. 10 —

296. Six coquilles, sçavoir, la *Figue*, 7 — 1. [pl. 20. fig. O. Conchyliol.] le *Murex* appellé la *Chausse-trape* ou le *Cheval de Frise*, [Pl. 19. fig. C. *ibid.*] Trois autres *Murex*, dont un est armé de pointes, [pl. 17. fig. L. *ibid.*] & une *Tonne* [figurée *ibid.* pl. 20. fig. P.] On a joint à ces coquilles un grand Opercule mince appellé par Rumphius, *Unguis odoratus, sive onix marina, & Blatta Byzantina*. Rumph. Thez. pl. 20. N°. 3. & 4. 12 —

297. Un *Buccin* appellé la *Grimace*, 7 — 4. à cause de la forme singuliere de sa bouche, [pl. 12. fig. H. Conchyliol.] & six *Murex* dont une *Musique* à quatre rayes, appellée par quelques-uns le *Plein-chant*,

E

une *Chauſſe-trappe* & quelques *Araignées*. 6 —

7 - 10. 298. Cinq *Murex*, dont un eſt la *Muſique* à cinq rayes, une belle *Chauſſe-trappe*, le *Murex* à oreille déchirée. [figuré pl. 18. fig. A. Conchyliol.] 6 —

54 - 2. 299. Une *Grimace*; un *Bois veiné*, la *Bécaſſe épineuſe* très-bien conſervée, ce qui eſt rare à trouver à cauſe de la délicateſſe de cette coquille. On en peut voir la figure Pl. 19. fig. A. de la Conchyliol. Une *Unique*. 10 —

On ſçait que la bouche des Coquilles eſt ordinairement tournée à gauche en les regardant la pointe en haut. On en trouve quelquefois qui ſont au contraire avec la bouche & les volutes tournées à droite. Ce ſont ces Coquilles que les Naturaliſtes ont nommées *Uniques*. Il y en a quelques-unes dans la plûpart des genres. Celle-ci eſt une eſpéce de *Murex*.

24 — 300 Trois *Murex*, ſçavoir, une *Bécaſſe épineuſe*, la *Chicorée brûlée*, & une autre *Chicorée* à pointes couleur de roſe. 6 —

10 - 3. 301. Deux *Bécaſſes épineuſes*, une *Chauſſe-trappe*, une *Tonne* appellée le *Radix*, [figurée pl. 20. fig. K. de la Conchyliol.] un *Murex* appellé l'*Oreille d'Aſne*, [pl. 17.

fig. O. ibid.] & deux autres coquilles. 5—

302. Huit Coquilles parmi lesquelles se trouvent le vrai *Murex* des Anciens, plusieurs *Oreilles d'Asne* & deux *Casques*. 10—

303. Huit piéces, sçavoir, un *Radix*, une *Grimace* & plusieurs *Murex*.

304. La *Bécasse*, [fig. B. planche 19. Conchyliol.] deux petites *Perdrix*, un *Foudre*, un *Murex* des Anciens, deux *Oreilles d'Asne*, & un *Murex* brut avec son Opercule qui en ferme l'ouverture.

305. Un *Nautile papyracé*, une *Cassandre*, deux *Porcelaines*, une *Oreille de mer*, un *Murex*, [figuré planch. 17. fig. Q. Conchyliol.] & quelques autres. 6—

306. Un *Nautile papyracé*, une *Couronne d'Ethiopie*, la *Porcelaine* appellée *Argus*, le *Cornet* connu sous le nom d'*Onix*, ou de *Cierge*, & appellé par d'autres le *Cigne*, à cause de sa blancheur, n'ayant que l'extrémité de sa pointe violette; & un chapelet de Nacre.

307. Un *Cierge* ou *Onyx*; la *Couronne impériale*, [pl. 15. fig. F. Conchyliol.] & cinq *Porcelaines*. 6—

9-12. 308. Un *Cierge*, plusieurs *Porcelaines*, entre autres l'*Œuf*, ainsi appellé à cause de sa forme & de sa blancheur, [fig. A. pl. 21. Conchyliol.] une autre appellé la *Taupe* [fig. H. même pl.] un *Murex* & quelques autres. 6-

5-10. 309. La *Tine* ou *Pelotte de beurre*, & six *Porcelaines*, dont une est la *Taupe*, & une autre couleur d'Améthyste. 4-

4-5. 310. Un *Casque* & quatre *Porcelaines*, sçavoir, un *Œuf*, une *Taupe* & deux autres, dont une de belle couleur d'Améthyste. 4-

24- 311. Onze *Lepas* ou *Patelles*, entre autres un *Concho-Lepas* dont le sommet est recourbé, & va se terminer sur un de ses bords, ce qui imite un peigne à stries profondes & noueuses ; un *Lepas* à sommet en crosse, un *Lepas* à sommet percé, & d'autres de différentes espéces. 4-

4-1. 312. Un très-beau *Rouleau*, une *Porcelaine* & une *Tonne* [figurée pl. 20. fig. L. Conchyliol.] 3-

21- 313. Un *Lepas* à sommet en crosse ; un *Lepas* appellé le *Cabochon* : il est blanc, mince & délicat, sa forme est tout-à-fait irréguliere, & il a en dedans une espéce de pointe qui va en s'élargissant. On peut voir la figure de cette singuliere Coquille dans la Conchyliologie, [pl. 6. fig. K.] deux *Lepas* percés & plusieurs autres de différentes espéces à grandes & petites stries. 12 —

314. Une espéce de *Sabot*, mise par quelques-uns au nombre des *Lepas chambrés*. Cette Coquille est rare : en dessus elle forme une volute à plusieurs tours avec un œil très-saillant, en dessous elle est chambrée : sa forme est ronde avec des stries. Elle est figurée pl. 6. fig. L. de la Conchyliologie. Un *Lepas* en étoile, partagé en sept côtes qui partent de son sommet. [fig. M. même pl.] & plusieurs autres *Lepas* de différentes espéces. 10 — 13 — 4

315. Une belle *Thiare* ou *Couronne Papale*, & plusieurs *Vis* de différentes espéces. 12 20 - 1

316. La *Mître* appellée par d'autres la *Plume*, qui a de belles taches rouges sur un fond blanc ; plusieurs *Vis* de différentes espéces, 12 —

E iij

du nombre desquelles est la *Chenille*, [fig. H. pl. 14. Conchyliol.] & une autre nommée par quelques-uns le *Clocher Chinois*, fig. F. même pl.] 6 –

5 – 317. Deux *Mîtres* avec plusieurs *Vis* de différentes espéces. 4 –

7 – 13. 318. Une petite *Thiare*, une *Mître*, avec plusieurs espéces de *Vis*. 3 –

19 – 2. 319. Plusieurs *Vis*, entre autres le *Télescope*, fig. B. pl. 14. Conchyliol.] & la *Vis de pressoir*, [fig. C. même pl.] 9 –

26 – 5. 320. Plusieurs *Buccins* & *Vis*, en particulier la *Chenille* & le *Buccin ailé*, [fig. F. pl. 12. Conchyliol.] 3 –

20 – 321. Une *Chenille*, trois *Enfans en maillot*, quelques petites *Scalata* de nos mers, & plusieurs autres *Vis*. 6 –

27 – 322. Une *Unique*. Celle-ci est du genre des *Buccins*. On l'a jointe ici avec un autre *Buccin* tout semblable, mais dont la bouche est tournée à l'ordinaire. On peut voir la fig. de l'un & de l'autre pl. 12. fig. G. de la Conchyliologie. Quelques *Enfans en maillot*, & quelques autres *Vis*. 15 –

323. Le *Fuseau* ou la *Quenouille*, [fig. 25-4. B. pl. 12. Conchyliol.] plusieurs autres *Buccins*, dont quelques-uns sont des *Fuseaux* ; & quelques petits *Buccins* Orientaux du nombre des *Uniques*, dont l'ouverture est tournée à droite. Ceux-ci pourroient bien être terrestres, & ressemblent, à la grandeur près, à une petite Coquille terrestre fort singuliere du nombre des *Uniques*, qui se trouve communément dans ce pays-ci, & dont M. Daubenton a fait mention dans les Mémoires de l'Académie des Sciences.

324. Trois *Tours de Babel*, [fig. M. pl. 4?-1. 12. Conchyliol.] & plusieurs *Buccins* de différentes espéces. 3 —

325. Deux *Cassandres*, une *Musique* & 9-6. différens *Buccins*. 5 —

326. Deux *Cassandres*, deux *Musiques*, 13-17. & différens *Murex* & *Buccins*, parmi lesquels est un *Buccin*, que Rumphius donne pour très-rare, & qui est figuré lettre D. pl. 49. de son *Thezaurus*. 6 —

327. Trois *Cassandres*, une *Musique*, 8 — & différens *Murex* & *Buccins*. 6 —

328. Quatre petites *Cassandres* ; une 7 —

Tonne, [fig. C. pl. 20. Conchyliol.] & différens *Murex*, *Buccins*, &c. dont deux fort singuliers, [figurés pl. 17. fig. H. Conchyliol.] 6 —

9-1. 329. Une petite *Cassandre*, quatre espéces de *Foudre*, & différens *Murex*, *Buccins*, &c. 6 —

30-1. 330. Un *Buccin* sur lequel a végété un morceau de Corail. Cette piéce est curieuse ; une *Chicorée à pattes de Crapaud*, [fig. D. pl. 19. Conchyliol.] une autre *Chicorée brûlée*, & différens *Murex* & *Buccins*, dont quelques-uns épineux & aîlés. 10 —

18-10. 331. Deux *Porcelaines bossues*, la *Noix de mer*, ou *Gondole papyracée*, appellée par d'autres la *Bulle* ; [pl. 20. fig. Q. Conchyliol.] différentes autres *Gondoles*, & quelques *Buccins*, entre autres celui qui est figuré pl. 12. fig. T. de la Conchyliologie. Il est assez singulier, & de plus celui-ci est comme applati, ce qui lui donne une forme particuliere. 6.

15-3. 2. Plusieurs espéces de *Cornets*, entre autres un *Amiral*. Cette belle & fameuse Coquille est très-bien conservée. 10 —

333. Un *Amiral* & plusieurs autres Cornets. 10 — 10-5.
334. Les *Spectres*, [fig. C. pl. 15. Conchyliol.] cette Coquille est rare. Quelques autres *Rouleaux* ou Cornets. 4 — 6-16.
335. Deux *Draps d'or*, un *drap d'argent*, & plusieurs autres Cornets & Olives. 10 — 10-1.
336. Trois *Draps d'or*, l'*Aîle de pigeon*, & différens Cornets & Olives. 6 — 12-2.
337. L'*Ecorchée*, deux petits Draps d'or, & plusieurs *Rouleaux* & Olives. 3 — 8-1.
338. Deux petits *Nautiles*, dont un dépouillé, le *Brocard de soye*, & plusieurs *Rouleaux* & *Olives*, entre autres une grande *Olive* brune, avec quelques *Tarieres*, [figurées pl. 14. fig. G. de la Conchyliologie.] 6 — 15-4.
339. Un petit *Nautile papyracé*, le *Cornet* appellé le *Tigre*, celui que l'on nomme l'*Omelette*, & quelques autres *Rouleaux* & *Tarieres*. 15-1.
340. Deux *Nacres* de perle, deux *Moules*, & quelques autres Coquilles. 4 — 50 —
341. Sept Coquilles, sçavoir, deux 14 —

Oreilles de mer, un *Murex* nommé le *Scorpion*, & quatre autres *Murex*. 8-

49-10. 342. Le grand *Scorpion* [fig. B. pl. 17. Conchyliol.] une *Oreille de mer*, & trois *Murex*. 10-

30-1. 343. Cinq *Murex*, dont un *Lambis* & trois *Scorpions* différens. 8-

15-1. 344. Deux *Lambis*, une *Grimace* & un *Fuseau*. 4-

7- 345. Une *Cordeliere*, une *Araignée* appellée *Millepeda*, deux autres *Murex*, dont une *Araignée*, & un *Fuseau*. 6-

8-4. 346. Deux *Araignées*, & plusieurs *Dattes* avec un morceau de Rocher, dans lequel elles sont logées. Cette piéce est curieuse. 8-

12-1. 347. Une *Gondole à mammelon*, appellée par quelques-uns le *Prépuce*, & trois *Araignées* différentes. 5-

7-2. 348. Le *Toît Chinois* & cinq autres Coquilles, dont quatre *Porcelaines*. 6-

11- 349. Un *Drap d'or*, un *Burgau*, deux *Porcelaines* & un *Casque*. 4-

8-2. 350. Une *Perdrix*, une *Musique*, une *Couronne Impériale*, [fig. E. pl. 15. Conchyliol.] & deux autres *Turbinites*. 10-

351. La belle espéce de Porcelaine appellée la *Geographie*, deux belles *Tonnes*, deux *Burgaux* & un *Casque*. 6—   20-11.

352. Le *Tigre*, une espéce de *Couronne Impériale*, trois autres *Cornets* & une *Datte*. 4—   13-4.

353. La *Perlée*, *Cochlea lunaris major* de Rumphius; [Thez. Tab. 19. fig. A. B.] une *Bouche d'argent*, une *Porcelaine*, & trois autres *Coquilles*. 9—   13-3.

354. Quelques *Bouches d'argent*, un grand *Burgau*, un beau *Cul-de-lampe*, un *Sabot*, & deux autres *Coquilles*, avec un *Opercule*. 8—   16-

355. Un *Dauphin* : c'est la *Cochlea laciniata* de Rumphius, [Thezau. Tab. 20. fig. H.] & plusieurs *Buccins* & *Limas*, avec de petites *Coquilles* enfilées. 5—   5-1.

356. Une *Figue*, plusieurs *Limas* & *Sabots*, entre autres le *Bouton de camisole*, & de petites *Coquilles* enfilées par les *Sauvages*. 3—   19-

357. L'*Eperon*, *Coquille* singuliere pour sa figure, représentée Tab. 20. fig. K. de Rumphius; plusieurs *Sabots* & *Limas*, dont quel-   25-2.

ques *Boutons de camisole.* 6 –

12 – 1. 358. Un *Dauphin* & plusieurs *Limas* & *Sabots*, dont un a son Opercule attaché. 4 –

18 – 1. 359. Une *Bouche d'or*, plusieurs *Bouches d'argent*, différens autres *Limas*, avec quelques *Burgaux*. 10 –

24 – 1. 360. Un petit *Dauphin*, deux *Bouches d'or*, quelques *Bouches d'argent*, plusieurs *Limas*, & quelques Opercules de couleur d'Agathe. 10 –

12 – 15. 361. Un *Cœur de Venus* relevé d'un côté, & renfoncé de l'autre, & plusieurs autres Bivalves. 12 –

9 – 2. 362. Autre *Cœur de Venus* renflé des deux côtés, avec plusieurs Bivalves, dont deux *Dattes*, une *Dail* de la petite espéce, qui est courte, & un *Manche de couteau*. 4 –

15 – 6. 363. Deux *Choux*, une petite *Thuilée*, plusieurs autres Bivalves, avec deux *Conques anatiferes.* 9 –

30 – 2. 364. Un *Cœur triangulaire*, une *Concha Veneris* avec des piquants, une autre sans pointes, deux *Levantines*, un *Manche de couteau* de la petite espéce, & plusieurs Bivalves. 10 –

44 – 1. 365. Plusieurs *Concha Veneris*, une Coquille de forme très-singuliere,

liere, appellée par Rumphius, *Ostreum tortuosum*. Tesaur. Tab. 47. fig. K. Plusieurs Bivalves, & un bout de patte de Crabe, incrusté d'une belle Nacre, par le moyen de plusieurs Huîtres qui s'y étoient attachées. C'est une piéce singuliere. 12 —

366. Une suite de petites *Porcelaines* de différentes espéces, parmi lesquelles sont les *Poux de mer*, le *petit Asne*, [fig. T. pl. 21. Conchyliol.] des *Coliques* ou *monnoyes de Guinée*, & plusieurs autres. 3 — 5 – 1.

367. Autre suite de *Porcelaines*, semblable à la précédente, contenant de plus la *Porcelaine bossue* à deux boutons, figurée pl. 20. fig. M. de la Conchyliologie. 3 — 5 – 2.

368. Autre suite de *Porcelaines* différentes. 3 — 4 – 14.

369. Plusieurs *Limas*, dont les principaux sont les *Testicules*, [pl. 10. fig. V. de la Conchyl.] une espéce de *Lampe antique*, la vraye *Lampe antique*, Coquille des plus singulieres, dont la bouche s'ouvre en dessus, au lieu de s'ouvrir en dessous comme dans

F

les autres. Elle eſt appellée par Liſter, *Cochlea variegata ſeptem dentibus donata, ſcilicet duobus in fundo oris, & quinque ad labrum, clavicula inverſa.* Hiſt. Conchyliol Lib. 1. Sect. 11. fig. 100. elle eſt figurée pl. 32. fig. 13. & 14. de la Conchyliologie, parmi les Coquillages terreſtres ; un *Cornet de Chaſſeur*, & pluſieurs petits *Cornets chambrés.* 26 —

9 – 10. 370. Les *Teſticules*, & pluſieurs autres *Limas*, entre autres le *Ruban.* 4 —

16 — 371. Pluſieurs *Eſcaliers* ou *Quadrans*, & pluſieurs *Nerites*, dont une avec ſon Opercule ; la *Quenotte*, & deux *Quenottes ſaignantes.* 6 —

7 – 10. 372. Deux *Quadrans*, & pluſieurs *Nerites*, dont quelques-unes avec leurs Opercules, des *Quenottes* & des *Quenottes ſaignantes.* 6 —

16 – 1. 373. Pluſieurs *Nerites*, *Quenottes*, & *Quenottes ſaignantes.* 4 —

3 – 15. 374. Une *Ecriture Chinoiſe*, une *Telline violette* longue à rayes blanches, [fig. P. pl. 25. Conchyliol.] & pluſieurs *Tellines*, & autres Bivalves. 4 —

7. 12. 375. Une *Ecriture Chinoiſe*, pluſieurs *Tellines*, & autres Bivalves. 6 —

376. Sept *Tellines* différentes, entre 14-1.
autres la grande Violette, & une
couleur de Saffran. 15-

377. L'espéce de *Peigne* appellé la *So-* 19-1.
le, & différentes *Tellines*, *Peignes*
& *Pectoncles*. 6-

La *Sole* est une Coquille mince & extrêmement délicate, ce qui fait qu'il est rare de la
trouver entiere. Elle est ordinairement unie,
couleur de Caffé d'un côté, & blanche de l'autre, ce qui la fait ressembler à la *Sole* pour sa
couleur, & c'est de-là qu'elle a pris son nom.
Elle est fort estimée ; quelques Curieux la nomment l'*Eventail*.

378. Plusieurs espéces de *Peignes*, en- 39-2.
tre autres le *Manteau Ducal*, coquille des plus belles. Celle-ci
est très-vive pour les couleurs. 6-

379. Un *Manteau Ducal* & différens 4-1.
Peignes & *Pectoncles*. 6-

380. Une *Moule* du Magellan, deux 53-
Nacres, dans l'une desquelles est
une grosse Perle, une *Tasse de*
Venus, une belle *Huître épineuse*,
& deux *Pelures d'oignon*. 10-

381. Plusieurs *Moules*, dont une du 12-3.
Magellan, une *Arche de Noë*, &
quelques Bivalves. 5-

382. La *Selle Polonoise* appellée par 24-9.
d'autres la *grande Pelure d'oignon*,

F ij

quelques tubes de Vermisseaux, & différentes *Huîtres*, & autres Doublettes. 5-

10- 383. La véritable *Arche de Noë*, ouverte par en haut, un *Cœur en Arche de Noë*, & différentes Huîtres & autres Bivalves. 10-

51-6. 384. L'*Hirondelle*, différentes *Huîtres*, entre autres la *Feuille*, ainsi appellée, parce qu'ordinairement elle tient à un brin de bois, comme on le voit ici; l'*Huître perforée*; différentes *Moules*, & une petite Coquille sur laquelle a végété un morceau de Corail. 16-

6-1 385. Différentes *Moules*, *Huîtres*, & autres Bivalves. 2-

9-10. 386. Différentes Coquilles tant univalves que bivalves. 4-

40-1. 387. Un beau *Nautile* dépouillé. 2-

388. Deux *Oursins* garnis de leurs pointes, l'un vert, l'autre d'un beau violet.

60-1. 389. Un très-grand *Oursin* ou bouton de mer, & un *Echino-spatagus*. 6-

5-1. 390. Suite de Coquilles différentes, la plûpart univalves. 2-

3-2. 391. Une petite *Thiare*, une petite *Mître*, plusieurs *Vis*, entre autres la *Tariere*, plusieurs *Bulles* & *Olives*, l'*Enfant en maillot*, &c. 3-

DES CURIOSITÉS, &c. 65

392. Un *Dauphin*, deux *Cadrans* ou *Efcaliers*, une *Oreille de mer* dépouillée, quelques *Trochus*, &c.

393. Une *Grimace*, plufieurs *Limas*, quelques *Buccins*, & autres.

394. Différens *Murex*, entre autres le *Murex* à pointes pliées, efpéce fort rare, [fig. G. pl. 18. Conchyliol.] l'*Araignée*, des *Murex* aîlés, &c.

395. *Rouleaux* & *Olives*, en particulier le *Drap d'or*, des *Ecorchées*, des *Tines de Beurre*, &c.

396. Suite de *Porcelaines* & deux *Ourfins*, dont un garni de fes pointes.

397. *Cuilliers* faites de morceaux de *Porcelaines*, avec quelques *Buccins*, des *Nerites* de riviere & autres *Coquilles*.

398. Une *Huître* chargée des deux côtés de tubes de *Vers rouges*; deux *Tricotées*, un *Cœur*, un *Peigne*, & autres *Bivalves*.

399. Un *Jambon* & différentes *Bivalves*.

400. Un *Ourfin*, Deux *Balanus* ou *Tulipes de mer*; un *Crabe* chargé de *Balanus*, & une *Huître* couverte de *Coralline*.

F iij

66 CATALOGUE

401. Une grande & belle *Couronne d'Ethiopie*, une *Cassandre*, & deux autres petites *Turbinites*.

402. Différentes *Tellines*, *Cames*, *Arches de Noë*, *Dails*, &c.

403. Différentes *Huîtres*, entre autres des *Huîtres épineuses*, des *Pelures d'oignon*, l'*Huître de la Chine* à long prolongement.

Cette *Huître de la Chine* est une des Coquilles les plus singulieres que l'on puisse voir. Un de ses côtés est assez plat, & forme comme un couvercle, l'autre est enfoncé & très profond. Les bords par lesquels ils se joignent sont comme découpés. L'intérieur de la Coquille est lisse, mêlé de jaune & de violet ; l'extérieur est sale, raboteux souvent joint à du rocher, & ne ressemblant en aucune façon à une Coquille.

404. Un *Jambonneau*, & plusieurs *Pecten* & *Pectoncles*.

405. La *Tuilée*, une grande *Pholade* ou *Dail*, une *Moule*, quelques *Tasses de Venus*, &c.

406. Un *Burgau*, un *Lepas voluté*, deux *Oreilles de mer*, la *Pourpre de Columna*, plusieurs *Porcelaines*, & autres *Univalves*.

407. Le *Murex* à double rang de pointes, l'*Oreille de Midas*, la *Quenotte saignante*, des *Murex* ailés, *Buccins*, *Trochus*, &c.

408. Une *Cassandre*, une *Musique*, une *Pourpre* de Perse, une *Oreille de mer*, des *Lepas* perforés, différentes *Bulles* & *Nerites*.

409. Une *Mître*, une *Oreille de mer*, la *Tonne à tubercules*, une *Musique*, deux *Lepas*, quelques *Rouleaux*, *Trochus*, *Porcelaines*, un *Cornet chambré*, des *Nerites*, &c.

410. La *Figue*, la *Tonne à tubercules*, [fig. P. pl. 20. de la Conchyl.] quelques *Nerites*, *Trochus* & *Porcelaines*.

411. Une suite de sémences de Coquilles, formant un petit Coquillier en miniature.

Ce sont des Coquilles toutes petites ; il y en a de mer, & de fossiles. Parmi les unes & les autres beaucoup sont très-délicates & bien conservées. Quelques-unes même sont assez rares. Dans cette suite se trouve le *petit Argus* espéce de *Porcelaine* fort jolie, dont nous n'avons point fait mention jusqu'ici.

412. Un grand *Oursin* de la mer rouge avec ses pointes, posé sur un un pied, & une Coquille de grande *Moule* nacrée.

413. Une branche d'arbre chargée d'*Huitres*.

414. Deux grandes Coquilles, & un

Ourſin avec ſes pointes ſur un pied de bois tourné. 5 –

11–12. 415. Deux *Ourſins* différens, diverſes Eponges, Madrepores, & autres Plantes marines. 3 –

12–2. 416. Pluſieurs *Balanus* ou *Tulipes de mer*, pluſieurs Madrepores, deux Nids d'une eſpéce d'Hirondelle de mer appellée *Alcyon*, que les Indiens font cuire, & qu'ils mangent ; une Coralloïde & un Os de la mâchoire d'un poiſſon appellé *Machoran*, avec lequel les Indiens arment leurs fléches. 3 –

13 – 417. Le *Teleſcope*, différentes *Vis*, *Murex* & *Buccins* foſſiles, avec quelques Bivalves auſſi foſſiles, un Echinite, & une Pyrite ronde, qui ſe trouve dans la Craye. 3 –

COQUILLES FOSSILES.

7–18. 418. Suite de Coquilles foſſiles. 3 –

On appelle *Coquilles foſſiles*, des Coquilles toutes ſemblables à celles de la mer, des mêmes genres & des mêmes eſpéces, mais qui ſe trouvent dans la terre ſouvent aſſez profondément. Ces Coquilles ont ordinairement perdu leurs couleurs, elles ſont toutes blanches & comme calcinées. Plusieurs Auteurs les regardent comme des preuves du déluge universel, qui les aura entrainées sur la terre, dans le limon de laquelle elles se seront enfoncées. D'autres ont formé différens systêmes sur ce point d'Histoire naturelle si difficile à expliquer. Ce qu'il y a de certain, c'est qu'on trouve de ces Coquilles presque par-tout, & souvent dans le sein des plus hautes montagnes. Souvent ces Coquilles sont mutilées, l'on doit tâcher de les avoir les plus entieres qu'il est possible.

419. Suite de Coquilles univalves fossiles. 5 —   9-1.

420. Suite de Coquilles bivalves fossiles. 5 —   9-1.

421. Coquilles fossiles d'Erouville près Pontoise, avec quelques Pétrifications. 1-10.   6-1.

422. Différentes Coquilles fossiles, pétrifiées & autres Pétrifications. 3 —   9-12.

423. Suite de Coquilles fossiles, la plûpart univalves. 2 —   2-2.

424. Une suite de Coquilles fossiles tant univalves que bivalves, des pierres de Lynx ou Bélemnites, & des Coquilles pétrifiées. 3 —   4 —

425. Suite de Coquilles fossiles de Courtagnon près de Reims, toutes choisies & très-bien conservées. 1-10.   6-1.

426. Différentes Coquilles fossiles la   2-1.

plûpart très - entieres. 1-4.

427. Une suite de Coquilles fossiles bivalves. 9 —

428. Plusieurs Coquilles fossiles univalves, sçavoir, différentes *Dentales*, des *Capuchons*, des *Olives*, &c. il y a une belle Oreille de mer, qui quoique fossile, a conservé presque toutes ses couleurs & sa Nacre. 3 —

429. Diverses Coquilles fossiles bivalves, dont plusieurs ont conservé un bel orient, & d'autres sont chargées de Dendrites. 2 —

430. Autre suite considérable de Coquilles univalves fossiles; contenant toutes les espéces différentes de *Vis*. 9 —

431. Autre suite de Coquilles fossiles univalves, contenant des *Lepas*, des *Cabochons*, des *Rouleaux*, des *Cadrans*, des *Limas*, des *Pourpres*, &c. Il y a sur quelques-unes de ces Coquilles de très-jolies Dendrites. 14 —

432. Coquilles fossiles toutes bivalves, sçavoir, plusieurs espéces d'Huîtres, dont quelques-unes épineuses, des *Tellines*, des *Cames* & autres. 8 —

433. Coquilles fossiles toutes unival- 9-13.
ves, du genre des *Fuseaux*, *Mu-*
rex ailés, *Vis*, *Cadrans*, *Olives*,
&c. 6 —

INSECTES.

434. Divers Insectes contenus 40 —
dans vingt-six boîtes vitrées,
sçavoir, plusieurs Papillons
étrangers, & d'autres de ce pays-
ci, une Cigale, différens Scarabés, un Lezard écailleux ou petit
Crocodile, & autres. Les noms
des Insectes sont écrits sur la plûpart des boîtes. 24 —

435. Trois Mouches de Cayenne de 6 —
différentes espéces; deux Pla-
ques de soye travaillée par des
Vers, qui rongent les roses rouges; des Cigales avec la dé-
pouille de leur nymphe; du *Pro-*
polis ou matiere bitumineuse &
odorante dont les Abeilles en-
duisent leurs ruches; du carmin
des Honduras, &c. 3 —

436. Différens Insectes & Papillons, 12 - 5.
tant étrangers, que de ce pays-

ci, contenus dans seize petits cadres vitrés des deux côtés.

437. Plusieurs Scarabés & Insectes contenus dans vingt-quatre petits cadres vitrés, & étiquetés. Une monstrosité de Rosier, formée par de petites Mouches: & le petit Insecte appellé Scorpion-araignée, dans une phiole.

438. Une Mouche-taureau des Isles. C'est un des plus grands Scarabés que l'on connoisse. Une Araignée appellée la Tarantule, connue par les accidens singuliers qu'excite, à ce que l'on dit, sa morsure; trois dents de Lamie; les dents du fond de la gueule d'une espéce de Raye appellée Tire, une queue de Serpent à sonnettes, qui est une grande espéce de Vipère, dont la queue a de petits anneaux cartilagineux & mobiles, qui font du bruit, ce qui lui a fait donner ce nom; un petit Cheval marin qui se trouve sur les côtes d'Italie, plusieurs têts de Crabes, & une ongle de Lyon.

439. Trois Mouches-taureau, deux Mouches de Cayenne, deux petits

DES CURIOSITÉS, &c. 73

tits Chevaux Marins, deux Orvets, qui sont des petits Serpens lisses, semblables à des gros Vers, & autres, en partie dans des boîtes vitrées.

440. Un nid d'Abeilles ou Guêpes cartonnieres de Cayenne. Ce nid qui est d'un beau carton, de forme sphéroïdale un peu allongée, est attaché à une branche d'arbre, le dedans est divisé par des rayons horizontaux. On peut voir la figure de ce nid dans l'Ouvrage de M. de Reaumur sur les Insectes. 6-- 12--

441. Papillons & Phalênes contenus dans dix boîtes vitrées, parmi lesquels se trouve un Papillon étranger, & la Phalêne de la belle Chenille du Tithymale. 10-- 6--

442. Plusieurs Papillons de la Chine, encore renfermés dans la boîte Chinoise dans laquelle on les a apportés. 27-- 4--

443. Un grand Papillon étranger peint par Aubriet, & encadré sous un verre. 15-- 6--

444. Un grand Tableau à bordure dorée, contenant sous un verre 89. Papillons de ce pays-ci, & 42-5.

G

74 CATALOGUE

un autre petit à bordure aussi dorée, renfermant 12. grands Papillons étrangers. 15 —

26-2. 445. Soixante-cinq Papillons de ce pays-ci sous verre, dans un Tableau à bordure de bois noir. 12 —

53-12 446. Autre Tableau faisant pendant avec le précédent, contenant 25. grands Papillons étrangers. 12 —

22-4. 447. Dix-huit boîtes vitrées contenant quelques Papillons, dont un beau Papillon étranger à grands yeux de Paon; & plusieurs Insectes & Scarabés, comme Cerf-volant, Scarabé aquatique, Teignes aquatiques, &c. Il y a aussi une feuille de *Codaga palla* entre deux verres. 8 —

26- 448. Salamandre, Scolopendre, Araignées, Vers & poissons conservés dans la liqueur, & enfermés dans des vases fermés hermétiquement; avec une grosse Araignée des Indes, & quelques Poissons desséchés. 6 —

3-4. 449. Quelques petits Insectes dans des phioles, en particulier des Charansons, un Scorpion-araignée, & un nid de Colibry. 3 —

62-7. 450. Des Insectes, des Poissons, des

Reptiles & un petit Fœtus humain dans des phioles pleines de liqueur. 34 —

451. Plusieurs Insectes, Racines, 60-7. Fruits, un petit Perroquet, & un *Tenia* ou Ver solitaire dans des phioles remplies de liqueur. Une grande bouteille pleine de nids d'Alcyons. 16—

ANIMAUX MARINS ET REPTILES.

452. Un Crabe terrestre. 2 —   3-1.
453. Crabe de la Martinique, & le 3 — Squelette d'un Oiseau aquatique. 1 —
454. La Cigale de mer, qui est une 8 — espéce de Crabe, & quelques Etoiles de mer, dont une a sept rayons. 3 —
455. Plusieurs Etoiles de mer de dif- 17— férentes espéces, entre autres le Soleil, l'Etoile rameuse ou tête de Méduse, &c. On a joint à cet article un Colibry, qui est un très-petit Oiseau de l'Amérique chargé des plus belles couleurs.

G ij

76 CATALOGUE

2-18- 456. Une écaille de Tortue. 1210.
54-10 457. Une grande Tortue terrestre des Indes. 24-

Cette Tortue a plus six pieds de la tête à la queue, ce qui fait une grandeur monstrueuse pour une Tortue terrestre. On trouve bien des tortues de mer de cette grandeur, mais pour celles de terre, elles sont ordinairement très-petites. C'est une des belles pièces qui soient dans ce Cabinet.

7-10 { 458. Un œuf de Crocodile.
       { 459. Un grand Crapaud étranger empaillé. 2-
160-2 460. Différens animaux, Reptiles, Poissons, Fruits, &c. conservés dans 36. grands bocaux & quelphioles remplies de liqueur. 56-

POISSONS.

18-1. 461. Un Poisson épineux, un Poisson appellé le Coffre, & quatre petits Poissons desséchés. 4-
12-1. 462. Le Poisson appellé *Orbis*, ou la Lune, & un autre Poisson, tous les deux séchés & empaillés. 6-
3-5. 463. Deux Poissons marins desséchés. 2-
4- 464. Un autre Poisson séché & rempli. 3-

6 — 465. Plusieurs Poissons, entre autres 10 - 10.
le Surmulet, le Coffre, le Poisson-volant, l'Aiguille de mer,
&c. plusieurs têts de Crabe, une
Mouche-taureau, deux petites
Tortues, de l'Amianthe, &c.
466. Une tête de Requien desséchée. 10 - 11.
La gueule est ouverte pour laisser voir toutes les rangées de
dents de ce terrible poisson. 3 —
467. Mâchoires de Requien, & de 3 - 12.
différens Poissons. 3 —
468. Parties de différens Poissons, 1 - 13.
en particulier une porte, ou
ovaire de Raye. 1 —

OISEAUX, QUADRUPEDES, &c.

469. Un Singe dans une bouteille 12 - 5.
remplie de liqueur. 10 —
470. Un bec de Toucan, oiseau des 15 - 1.
Indes, & un nid de Colibry avec
un œuf. 3 —
471. Trois œufs de Pingouin, un 28 - 10.
vase ou une tasse faite d'une
corne de Rhinoceros, le Squelette d'une tête d'oiseau, différentes pates d'animaux, & na-

geoires de Marſouin. 5 —

1-4. 472. Nid d'un oiſeau de la Chine, groſſes pinces de Crabe, & cornes de quelques animaux. 1—

3-2. 473. Une corne d'Elan. 3 —

33— 474. Une groſſe Dent macheliere d'Eléphant, ſciée en travers, pour en faire voir le travail intérieur, qui eſt ſingulier. 6—

14— 475. Deux autres Dents d'Elephant. 3—

12-13. 476. Une Dent d'Elephant, & un morceau d'Ivoire trouvé dans la Moſelle avec des oſſemens.

12— 477. Une autre Dent d'Eléphant. 1-16

26— 478. Un morceau d'Ivoire dans lequel on a trouvé une Balle de plomb en le ſciant. On voit cette balle ſciée à l'endroit de la coupe, & il ne reſte qu'un léger veſtige du trou par lequel elle étoit entrée, le ſuc oſſeux ayant ſuinté, comme on le voit dans cette ouverture. Cette Piéce eſt très-curieuſe. 12—

9-10. 479. Un gros Egagropyle. 1—

On nomme *Egagropyles* des concrétions, qui ſe forment dans l'eſtomach des animaux ruminants, & dont l'intérieur eſt ordinairement rempli de poils. Ces animaux avalent de ces poils en ſe léchant, & il ſe forme à l'entour une concrétion assez dure. Ces Egagropyles sont ordinairement légers. Quelques personnes assurent en avoir trouvé dans l'estomach de quelques animaux qui ne ruminent point, & en particulier dans des chevaux.

480. Plusieurs Bezoards orientaux, 90-4.
& deux Bezoards humains. 43- 23-2.
16-

On appelle *Bezoards* les concrétions pierreuses, qui se forment quelquefois dans les corps des animaux. Ces pierres se trouvent principalement dans l'estomach, dans la vésicule du fiel, dans les reins & dans la vessie. L'homme est un des animaux le plus sujet à cette maladie. Parmi ces Bezoards, le plus estimé est celui qu'on nomme *Oriental*, venant d'une chevre des Indes. On lui a attribué les plus grandes vertus pour résister aux poisons, & il s'est vendu au poids de l'or. Il y en a un autre que l'on nomme *Occidental*, qui vient pareillement d'une chevre du Pérou, mais il n'est pas si estimé. La *Pierre de Porc* des Indes, ainsi que le *Bezoard de Singe*, sont encore en grande réputation. Enfin presque tous les animaux en fournissent, comme on le verra dans cette suite la plus belle, sans contredit, que l'on puisse voir. Quelques-uns mettent aussi les Egagropyles dont nous venons de parler, au nombre des Bezoards, & les appellent *Bezoards de poil*. Les Bezoards ont tous un noyau, ou une matière plus dure dans leur milieu, qui a servi comme de base à leur formation. La matiere qui les produit s'amasse par couches autour de ce noyau, comme on le peut voir dans plusieurs Bezoards de cette suite, que l'on a sciés pour cet effet.

481. Plusieurs Bezoards orientaux, 29-2.

des Bezoards de Singes, & une Pierre de vessie humaine. 16-

20-5. 482. Plusieurs Bezoards orientaux,
31-2. dont un monté en or, & un Bezoard, ou calcul humain. 36-

34-7. 483. Suite de Bezoards, contenant des noyaux de Bezoards orientaux, le Bezoard de Porc-épic, celui de Cochon, le Bezoard de l'Abyssinie, des Bezoards humains, & plusieurs autres. 15-

39-2. 484. Bezoard oriental monté en or; des Bezoards humains, & des Bezoards blancs de Guinée. 24-

25-1. 485. Un Bezoard de Porc-épic, un Bezoard de Rhinoceros, que quelques personnes ont pris pour celui du Serpent couronné, & des Bezoards humains. 30-

80-1. 486. Un Bezoard oriental monté en vermeil, & plusieurs Bezoards humains. 6-

20- 487. Bezoards de la vessie, & de la vésicule du fiel de l'homme; des Bezoards du poisson de la *Pinna marina*, qui sont de la nature des Perles; & des Egagropyles ou Bezoards de poil. 6-

37- 488. Pierre de Goa, ou Bezoard artificiel; gros Bezoard de la vesfie ou Calcul humain ; Pierre de la véficule du fiel, des Bezoards de Caftor, & de la *Pinna marina*. 12

489. Suite de Pierres de veffies humaines, dont il y en a une de celles que l'on nomme *Murales*, qui font toutes raboteufes ; plufieurs Pierres de la véficule du fiel, & une fuite de Graviers rendus par plufieurs perfonnes, à la fuite de l'ufage des Pillules Angloifes. 34 – 1

490. Autre fuite de plufieurs Pierres de la veffie & de la véficule du fiel, avec une véficule féchée, & pleine de ces Pierres. 17 – 1

491. Une bouteille remplie de morceaux de Phofphore Anglois. 52 – 15

ANATOMIE.

492. Le Squelette d'une tête humaine dans une boîte vitrée. Ce Crâne eft fort bien confervé & a toutes fes dents ; il s'ouvre en plufieurs endroits pour faire voir l'intérieur. 48

493. Une Tête humaine entiere, injectée, & très-bien conservée dans la liqueur.
494. Une Peau de tête humaine injectée & séchée.
495. Une Tête de Momie d'Egypte.
496. Un Cœur humain injecté, & une Ratte préparée.
     Un Egagropyle.
497. Un morceau des gros Intestins, préparé & injecté.
498. Base du Crâne d'un enfant, dans laquelle on a préparé l'organe de l'ouie & celui de la vuë.
499. Préparation de l'oreille de l'homme, dont toutes les parties tant en situation que séparées, se voyent en plusieurs piéces, dont il y en a 31. montées sur des pieds sculptés ; le tout contenu dans une boîte vitrée fort propre.
500. Un Œil artificiel de Nuremberg, dans une boîte.
501. Une Main séchée, prise dans le Caveau des Cordeliers de Toulouse, qui a la propriété de sécher les corps. Elle est montée sur un pied.
502. Un Bras & une Main desséchés ;

le Squelette d'une main d'enfant : des Eſtomachs de Crabes & Ecreviſſes, dont ils changent tous les ans ; le noyau d'un Egagropyle, & différentes parties d'animaux. 1-10.

503. Un Ceinturon fait de peau humaine corroyée ; on y voit les doigts avec un ongle, quelques poils, & le bout d'une mammelle. 6- 18-1

504. Deux Squelettes d'oiſeaux, dont l'un a les os rougis pour avoir mangé de la racine de Garance : ils ſont tous deux montés ſur des pieds. Le Squelette de la tête d'un gros oiſeau. 1-10 4-5.

CURIOSITÉS CHINOISES.

505. Trois Figures habillées à la Tartare, ſçavoir, un homme, une femme, & un enfant dans un berceau. Un Portefeuille Tartare. 24- 24-5-

506. Deux Figures d'un jeune garçon & d'une jeune fille Tartares, avec une Taſſe d'écorce d'arbre 20-

travaillée & brodée. Du papier de moëlle d'arbre dont on fait les fleurs artificielles de la Chine. 15 —

60 – 5. 507. Dix figures d'hommes & de femmes de la Chine, travaillées en étoffe sur du papier. 26 —

13 - 4. 508. Une Aigrette Chinoise. 3 —

16 — 509. Une paire de Souliers Chinois. 5 —

14 — 510. Autre paire de Souliers de femmes Chinoises. 6 —

63 — 511. Ceinture Chinoise, à laquelle sont pendues deux bourses & un Couvert. 6 —

30 — 512. Le Briquet & l'Eteignoir Chinois. 2. 10.

15 — { 513. Une Lanterne Chinoise,
{ 514. Paquet de petites Bougies odorantes de la Chine. 6 —

2 - 6. 515. Autre paquet des mêmes. 1 —

12 — 516. Trois paquets des mêmes dans leurs papiers & la boîte Chinoise. 3 —

7 — 517. Vîtres Chinoises quarrées, faites avec la Coquille appellée *Selle Polonoise*, ou grande *Pelure d'oignon*. 6 —

6 - 14. 518. Une Balance ou Romaine Chinoise. 3 —

3 — 519. Une grande Lanterne Chinoise. 1 —

520.

520. Une petite Romaine, & une Arithmétique Chinoise, avec les nombres d'Ivoire. 6— 15-3

521. Un Cadenas & une Tabatiere de la Chine. 6— 11-4

12— 522. Une boîte d'Encre de la Chine. 26—

523. Un gros morceau d'Encre de la Chine, avec deux Pinceaux & du papier Chinois. 4— 8—

524. Autre boîte d'Encre de la Chine & un Pinceau Chinois. 6— 16—

525. Tulle, Blonde & Tablier Chinois, faits d'écorce d'arbre, & une Serviette pliée en forme de Crabe. 12— 39-1

526. Un Couvert Chinois, une Bourse avec une Piéce d'argent de la Chine, des petites Bougies odorantes, & deux Grenouilles de terre légere de la Chine, qui nagent sur l'eau. 6— 61-1

527. Une Chauve-souris artificielle de la Chine, servant de jouet aux enfans, & une boîte contenant des aîles de différens Papillons de la Chine. 2— 9-12

528. Deux Cadenas Chinois avec leurs clefs. 3— 3—

529. Deux petits Fourneaux de la Chine. 8— 27—

un fourneau Chinois de H Taule 79—
ou de cuivre a 2. Lunettes 74—

4-3. 530. Fusées & Artifice Chinois. 3-
31-15. 531. Fleurs artificielles de la Chine. 13-
10-1. 532. Fleurs semblables aux précédentes, avec du papier de moëlle d'arbre préparé pour en faire. 6-
31-15. 533. Idem. 12-
15- 534. Deux petits Chiens formés de Coquilles. 12-
30- 535. Le *Droguier Chinois* assez ample, consistant en six paquets de drogues, sçavoir, racines, écorces, bois, fruits, minéraux, &c. Chaque drogue est étiquettée avec son nom Chinois, & quelquefois le nom François. 6-
De plus deux Huîtres singulieres de la Chine de la même espéce que celle qui est annoncée ci-dessus N°. 403. une Coque de Vers à soye sauvages, & quelques fruits de la Chine. avec 403-
4-3. 536. Deux Vases de terre de Patna. 3-
27-6. 537. Monnoyes des Indes, sçavoir, la *Roupie* & ses divisions en Argent. 42. Pieces. 10-
15-2. 538. Massue des Sauvages, & des Cordes aussi des Sauvages, faites d'écorces d'arbres & peintes de plusieurs couleurs. 2-

ANTIQUITÉS.

539. Médailles de grand Bronze antiques, contenues dans 7. tiroirs, au nombre d'environ quarante dans chaque tiroir. 10 —

540. Une Lampe sépulcrale antique, & trois petites Figures, dont deux sont Egyptiennes. 4 —

541. Autre Lampe sépulcrale : Pierres de compositions de plusieurs couleurs tirées des Mosaïques des Anciens, & des morceaux du Mastic qui enduit la *Piscina mirabile* près de Bayes.

542. Morceaux de Mosaïque tirés de l'Eglise de Ste Sophie à Constantinople. 3 —

543. Une bouteille antique de Bronze avec des ornemens d'Argent ; & des morceaux d'une cotte-de-maille de Fer, trouvée dans des tombeaux proche Etampes avec beaucoup d'ossemens. 15 —

Deux Mandragores de la Chine 4 — 10

DIFFERENTES MACHINES.

16 — 544. Le modéle d'un Fourneau en carton & en relief. 3 —

3-4 { 545. Le modéle d'une petite Brouette.
546. Un petit Thermométre de Farenheït au Mercure. C'est un de ces petits Thermométres portatifs, que l'on avoit fait pour l'usage de la Médecine ; afin de juger du dégré de la fiévre en les faisant tenir aux Malades. Leur usage ne s'est pas soutenu. 3 —

180 — 547. Une grande Machine pneumatique. 100 —
20 — 548. Un Microscope en Cuivre. Un autre petit. 24 —
14 — 549. Un Microscope avec ses lentilles. 15 —
14 — 550. Autre Microscope. 12 —
40 — 551. Un Microscope Anglois. 15 —
13-6. 552. Autre Microscope. 6 —
16-10. 553. Un autre. 24 —
5-4. 554. Un Cylindre pour les Figures d'Optique. 2-4.
10 — 555. Deux petits Bustes en Médailles de Cire dans leurs cadres. 4 —

288 — *un Microscope de Passemant 150.*

Fin du Catalogue des Curiosités.

MEUBLES ET BIJOUX
PRECIEUX.

556. Une Pendule à secondes du Sieur Rivas. 495-3. 200-

   Cette Pendule marque les heures très exactement : Elle va pendant dix-huit mois de suite, & pendant ce tems elle indique l'heure vraie, sans qu'on y puisse appercevoir quelques minutes de dérangement. Le Sieur Rivas Auteur de ces Pendules, se sert d'un métal particulier dont il a la composition, & qui est très-peu sensible à la dilatation & à la contraction que le chaud & le froid produisent dans les métaux, d'où provient le plus souvent le dérangement des Pendules.

557. Une Montre à répétition sourde de le Bon, à boîte d'or gravée, avec sa chaîne aussi d'or garnie de plusieurs cachets. 580- 400-

558. Une petite Montre d'or à boîte de crystal, dans son étui de chagrin. 150- 5. 100-

559. Un Baromètre & un Thermomètre à Cadran. 38-1. 12-

560. Un Baromètre & un Thermomètre au Mercure, tous deux dans des bordures de bois dorées. 9- 2-

60. CATALOGUE.

10-5. 561. Plusieurs autres Thermomètres, ou Baromètres. 4-

120- 562. Une belle Boîte d'Agathe montée en or & en cage. 100.

136- 563. Une autre Boîte d'Agathe montée en or & en cage. 120-

130- 564. Une Boîte d'or ronde ciselée, dont le dessus & le dessous sont formés par deux très-beaux morceaux d'Ambre. 100-

24-1. 565. Une Boîte ciselée & dorée, dans le dessus de laquelle est enchassée une Agathe herborisée factice. 15-

209- 566. Une Boîte d'écaille sculptée & quarrée doublée d'or, avec une miniature. 120-

580- 567. Une Boîte d'or à deux Tabacs, ciselée. 540-

34-3. 568. Une Boîte de chasse à deux Tabacs, en roussette verte montée en argent. 12-

169-2. 569. Plusieurs belles Miniatures propres à mettre dans des Tabatieres. 26-

30- 570. Plusieurs Boîtes d'ancien Lacq. 24-

666-10. 571. Un fort beau Saphir d'Orient, entouré de brillans, & monté en bague. 200-

551. 572. Une Boîte de Portrait en bracelet, entourée de brillans. 300.

10-5. Pied de Roy de Baleine garni d'argent 3-

573. Une Opale & une Jacinthe montées en bague. 56 — 147-1.
574. Dix Dendrites ou Agathes herborisées, montées en bague, entre lesquelles il y en a deux qui sont très-belles. 276 692-10.
575. Six Camées, ou Agathes gravées en relief, montées en bague. 150 — 270-8.
576. Trois Pierres imitant le Rubis, la Topase & l'Améthyste, montées en bague. 19 34-9.
577. Un Porte-crayon & plume d'or, un Couteau garni d'or & à lame dorée, un Aiman artificiel, une petite Boîte d'argent renfermant une piece de vingt-quatre sols, à moitié transformée en or, &c. 56-2. 42-
578. Un Etui de Mathématiques, en cuivre. 4 — 6-3.
579. Un Etui à demi-garni d'instrumens de propreté, montés en argent. 6 — 8 —
580. Une très-belle paire de Ciseaux damasquinés en or, dans un étui de chagrin garni d'or. 15 — 52-10.
581. Une Boucle de ceinture, deux paires de Boucles de souliers, & une paire de Boucles de jarretieres, d'acier, damasquinées en 40-2.

un Couteau à deux lames dont une d'argent avec l'étui. 6 — 22-1.

or, & du plus beau travail. 6-

112-12. 582. Plusieurs paires de Boucles de souliers & de jarretieres d'argent & de Boutons de manches, dont une d'or montée en Agathes herborisées. 24-

60-11. 583. Deux montures de Boutons de veste, dont une en Agathes herborisées. 26-

200- 584. Une Garniture de cheminée consistant en une Pendule de quinze pouces de haut enrichie de fleurs & de figures de Porcelaine de Saxe, & montée sur un pied, qui, ainsi que le cartouche servant d'encadrement à la Pendule, est de bronze doré d'or moulu; deux Chandeliers à deux bobeches traités dans le même goût que la Pendule, & deux figures assises, aussi de Porcelaine de Saxe, représentant un Matelot & une Ouvriere en dentelles. 6-

20-

150- 585. Deux Chandeliers à trois branches, de bronze, dorés d'or moulu, montés sur des rochers portans des Oiseaux de Porcelaine de Saxe de quinze pouces de haut chacun. 100-

6-4. Un Essay d'Anatomie 3-

586. Deux Chandeliers garnis de fleurs de Porcelaine ou de cuivre émaillé. 24 —
587. Un autre Chandelier de cuivre doré d'or moulu, pareillement enrichi de fleurs & d'une figure de Bœuf en Porcelaine de Saxe. 33 - 1.
588. Un Vase de Porcelaine de Saxe, d'où sort un Bouquet de fleurs aussi de Porcelaine. 24 — 51 —
589. Un Bougeoir, & trois petits Pots à Pommade, de Porcelaine de Saxe. 8 — 21 - 14
590. Une Coupe de Crystal d'Allemagne gravé, montée sur un pied garni en argent. 1-10. 3 —
591 Un beau Fusil, & une Canne à Pomme d'or. 24 — 63 - 6
592. Une Table de Porphyre de près de quatre pieds de longueur, sur deux de large, montée en bois, & à pieds de Biche sculptés. 40 — 140 —
593. Deux tranches de Colonnes de Porphyre. 36 — 77 - 12.
60 - 594. Un beau Mortier de Porphyre. 202 - 2 -
595. Un Secretaire, façon de Lacq de la Chine, incrusté de Nacre, & enrichi de bronzes dorés d'or moulu. 60 — 160 —
596. Une Armoire d'un très-beau tra- 160 —

vail, faite en Angleterre, laquelle s'ouvre en deux parties, & renferme sous la clef nombre de tiroirs ou layettes propres à conserver diverses Curiosités naturelles. *100—*

151— 597. Un Coquillier ou corps d'Armoire en maniere de Commode, renfermant sous deux ventaux plusieurs tiroirs, & couvert d'une table de marbre. *120—*

50—10. Plusieurs autres corps d'Armoires & Bibliotheques. *40—*

19—6. *Echelle de Bibliotheque 10—*

FIN.

ERRATA.

Pag. 56. Art. 332. seconde ligne de l'Art. *un Amiral*, lisez *une Flamboyante*.
Pag. 57. Art. 333. premiere ligne, *un Amiral*, lisez *une Flamboyante*.
Pag. 72. Art. 438. derniere ligne de l'Art. *une ongle*, lisez *un ongle*.

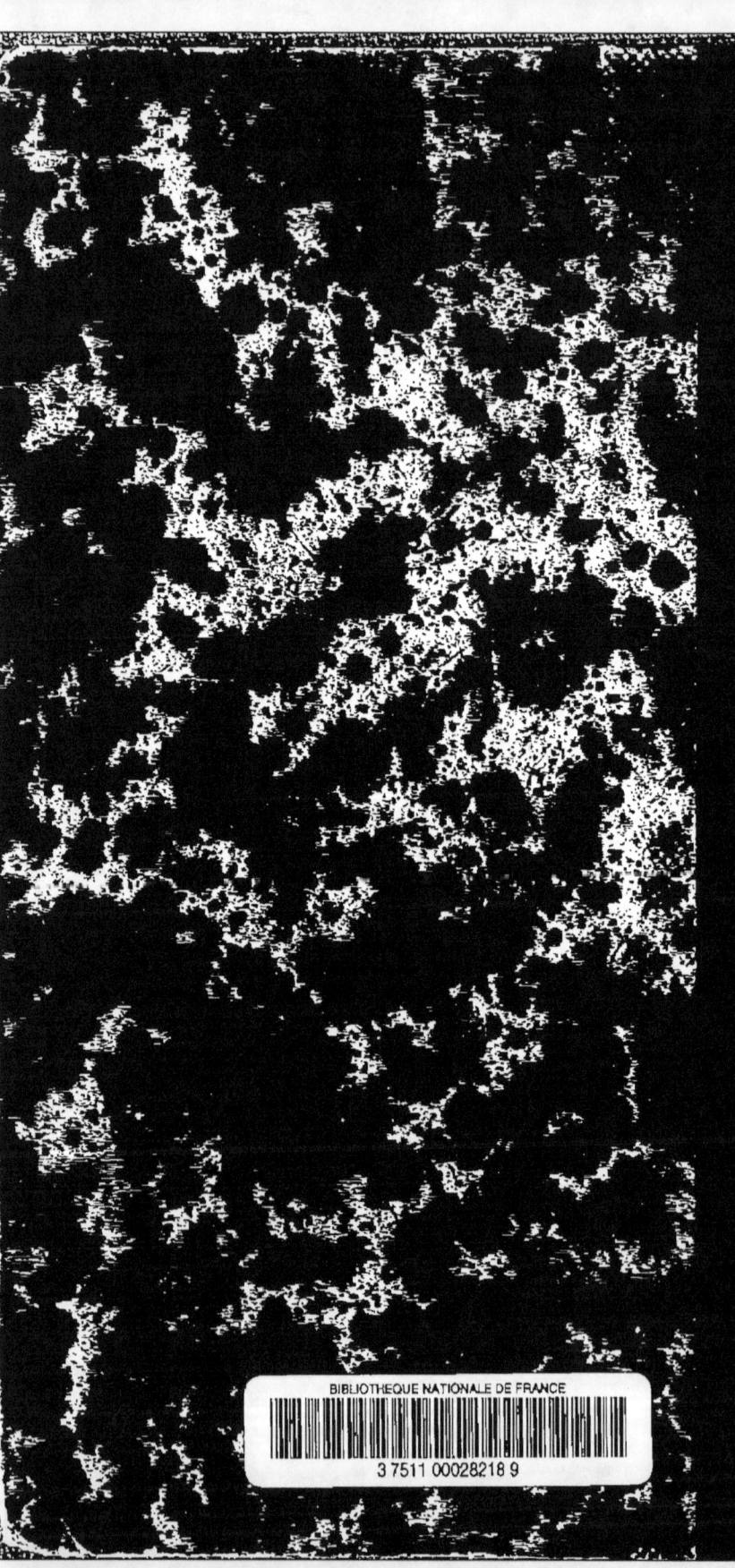

www.ingramcontent.com/pod-product-compliance
Lightning Source LLC
Chambersburg PA
CBHW070533100426
42743CB00010B/2064